FISICA QUANTISTICA

PER PRINCIPIANTI

tutte le altre informazioni immediatamente sono veritiere, corrette e accurate a meno che l'opera non sia espressamente descritta come un'opera di finzione. Indipendentemente dalla natura di quest'opera, l'Editore è esente da qualsiasi responsabilità di azioni preso dal lettore in concomitanza con questo lavoro.

L'editore riconosce che il lettore agisce di propria iniziativa e solleva l'autore e l'editore da ogni responsabilità per l'osservanza di suggerimenti, consigli, consigli, strategie e tecniche che possono essere offerti in questo volume.

SOMMARIO

Introduzione

Benvenuti a Quantum Physics for Beginners! Solo la frase "fisica quantistica" può incutere timore nel cuore dei più esperti di scienza, ma questo libro è qui per demistificare i principi di base che formano i fondamenti della fisica quantistica e darti una solida comprensione da cui puoi continuare a far crescere le tue conoscenze.

Anche se potresti non pensarci, usi quotidianamente la fisica quantistica. Ogni volta che accendi una lampadina o sali in macchina per andare da qualche parte, la fisica quantistica ha avuto un ruolo nel portarti quella tecnologia. In poche parole, la fisica quantistica è lo studio della come funzionano e interagiscono i pezzi più piccoli del nostro universo.Il campo attrae le menti più brillanti sia della scienza che della matematica, che hanno trascorso collettivamente la maggior parte del secolo scorso a trovare nuovi modi per descrivere, spiegare e manipolare atomi e molecole.

e l'esplorazione nello spazio sarebbero impossibili. I

satelliti che orbitano attorno alla Terra non sarebbero mai stati costruiti. Così tanti operatori sanitari dipendono per l'imaging e il trattamento I chip dei computer che alimentano i nostri telefoni cellulari, il refrigerante che scorre attraverso i nostri frigoriferi e condizionatori d'aria, e la combustione del sole stesso sono tutti alimentati dalla fisica quantistica.

La fisica quantistica per principianti ti aiuterà a imparare la storia dietro la scienza, compresi i primi modelli dell'atomo di Bohr e come altri hanno usato il suo lavoro per costruire i propri teoremi.Vedremo la relazione tra il modello di Bohr e l'equazione di de Broglie, e il progresso della teoria delle particelle e delle onde determinato da questo sviluppo.

Andando avanti da queste ipotesi originali, entreremo in una discussione su una delle regole alla base della fisica quantistica, la costante di Planck, e la sua controparte, il principio di indeterminazione di Heisenberg.

Il libro si concluderà con un esame approfondito del lavoro del fisico forse più famoso del mondo, Albert Einstein.I teoremi di Einstein e le successive equazioni formarono la base della moderna fisica quantistica; egli riunì e unì i mattoni di studio che sono utilizzato oggi e sarà utilizzato anche in futuro. Le opere fondamentali di Einstein, inclusa la sua Teoria della Relatività, sono la base per quasi tutti gli studi e i progressi della fisica quantistica nel 21° secolo. Einstein è stato in grado di prendere le conoscenze accumulate da altri prima di lui, creare teorie che legassero insieme i primi principi, un ponte sul divario di conoscenza tra la storia e il futuro della fisica quantistica.

Quantum Physics for Beginners mira a darti una visione fondamentale del fantastico mondo della scienza e della matematica che governa il funzionamento dell'universo. Con spiegazioni e definizioni di facile lettura, questo libro analizzerà le equazioni e la storia dietro di esse e guarda gli uomini straordinari che hanno scoperto i frammenti più piccoli dell'universo e hanno tentato di sfruttarli per la scienza.Se sei pronto per tuffarti nel mondo della fisica quantistica, cominciamo.

Le meraviglie dell'universo ti aspettano, andiamo!

Capitolo 1

Che cos'è la fisica quantistica?

Lo studio della fisica quantistica è una delle discipline più recenti della scienza, ma ha le sue radici in secoli di conoscenza accumulata. La fisica stessa è un vasto campo scientifico, che comprende lo studio della natura, della materia e dell'energia.la materia agisce e reagisce, ad esempio attraverso luce, suono, energia cinetica, magnetismo e comportamento dell'atomo. La fisica quantistica cerca di rispondere alle domande sulla materia e l'energia ai suoi livelli più piccoli e fondamentali e ai livelli più ampi e universali. la storia dei fattori in gioco nella moderna quantistica la fisica dà un'idea di come questi concetti modellano il campo di studio che vediamo oggi.

La fisica quantistica è cresciuta dagli umili inizi della fisica classica, che è stata studiata da quando i Sumeri misero per la prima volta lo scalpello sulla tavoletta. Le semplici macchine che tutti abbiamo imparato a conoscere alle elementari sono esempi di fisica classica in azione. E siamo sicuri che tutti Ho sentito la storia di

Archimede che scopre il volume e lo spostamento nella sua antica vasca da bagno greca. La verità è che la fisica è intorno a noi, tutto il tempo. La gravità è ciò che ti impedisce di fluttuare via in questo momento. strada, e i tuoi fari illuminano la tua strada. Senza la fisica, non potremmo goderci lo stile di vita che abbiamo nell'era moderna. Visto che siamo qui per parlare di fisica quantistica, cominciamo con uno sguardo alle origini della disciplina, a partire dal primo teoria atomica.

Il nonno dello studio atomico

È l'atomo stesso che costituisce la base per il campo specializzato della fisica quantistica.

Sebbene l'atomo sia stato descritto per la prima volta nel 400 a.C. da un filosofo greco di nome Democrito, fu solo nel 1803 che la prima teoria atomica scientifica fu sviluppata dal chimico britannico John Dalton.

Dalton fu un pioniere nella meteorologia predittiva e nello studio del daltonismo genetico prima di passare alla chimica atomica, pubblicando un teorema nel 1808, che descriveva in dettaglio quelle che considerava le cinque proprietà dell'atomo.

1- Gli atomi non possono essere distrutti o divisi

2- Tutti gli atomi in un singolo elemento sono identici

3- Gli atomi di elementi diversi hanno proprietà e pesi diversi

4- Gli atomi di diversi elementi possono essere combinati in numeri semplici per formare molecole (Dalton ha usato la parola " *composti* ")

5- Gli atomi non possono essere né creati né distrutti; tutta la materia si scomporrà in atomi recuperabili e immutati.

Usando questi principi, Dalton avrebbe anche creato la prima tavola periodica rudimentale, che conteneva solo sei elementi - idrogeno, ossigeno, azoto, carbonio, zolfo e fosforo - ma mostrava i pesi relativi di un atomo di ciascun elemento in base all'idrogeno avente un valore di uno (1). Dalton ha dato alla comunità scientifica una solida base su cui costruire il campo che oggi conosciamo come fisica quantistica. In effetti, molto poco è cambiato negli oltre due secoli da quando Dalton ha pubblicato per la prima volta la sua teoria atomica in un opuscolo intitolato *Un nuovo sistema di filosofia chimica* .

L'unica modifica significativa apportata alla sua teoria negli oltre due secoli dalla sua pubblicazione è che ora sappiamo che l'atomo non è l'unità più piccola della materia; anche i singoli componenti di un atomo possono essere visti e misurati. la tecnologia per farlo.

Avogadro e i suoi gas

Usando il lavoro di Dalton come base, lo scienziato italiano Amedeo Avogadro iniziò il suo studio pionieristico sul comportamento dei gas. Avogadro riteneva che ci potesse essere un difetto in una delle teorie di Dalton su questo argomento. Sebbene non vi fosse alcun difetto nel lavoro fisico di Dalton, ci fu un piccolo errore nella sua interpretazione di come l'acqua assorbisse anidride carbonica, azoto e altri vari gas.Dalton credeva che l'acqua si comportasse in modo diverso data la concentrazione dei gas.Peso dei gas che creavano le diverse reazioni.

L'eredità più importante di Avogadro nel campo della fisica quantistica è il suo numero omonimo, visto qui:

$$6,02214076 \times 10^{23} = 1 \text{ mole}$$

Questa equazione rappresenta il numero di particelle (atomi, molecole, ioni, ecc.) che sono contenute all'interno di una sostanza mantenuta a uno specifico volume, pressione e temperatura. Questa unità è ora nota come mole ed è riconosciuta come unità SI con il simbolo mol Avogadro ha teorizzato e successivamente dimostrato che questa è una verità universale che

14

governa tutti i gas e che un volume uguale di qualsiasi gas alla stessa temperatura e pressione conterrà questo numero di particelle, indipendentemente dal peso atomico. essere utilizzato per convertire gli atomi in moli e le talpe in atomi, in base alle conoscenze già possedute dallo scienziato. Questo perché il peso molare di una sostanza e il peso atomico della sostanza sono gli stessi. Ad esempio:

- Le molecole d'acqua sono formate da due atomi di idrogeno e un atomo di ossigeno

- Il peso molecolare combinato di una molecola d'acqua è 18.015 amu (unità di massa atomica)

- Pertanto, una mole di acqua pesa 18,015 grammi, espressi in g/mol.

Essere in grado di calcolare i pesi atomici e convertire avanti e indietro dalla massa alle unità molari rende molto più facile per gli scienziati lavorare con grandi numeri e comprendere il vasto numero di atomi che compongono ogni sostanza conosciuta.

Diamo un'occhiata a un calcolo in cui conosciamo il peso atomico ma dobbiamo calcolare il numero di atomi all'interno di un campione noto di carbonio, che ha un peso atomico di 12 amu.

Il carbonio viene regolarmente utilizzato come standard rispetto al quale vengono misurati tutti gli altri pesi atomici perché questa è la sostanza su cui Avogadro ha costruito la sua equazione.

- 12 grammi di carbonio-12 hanno una quantità atomica pari a 1 mol (6.022×10^{23})

- Per calcolare il peso molare o la quantità molare di un'altra sostanza, inserisci semplicemente il numero che conosci e le variabili che non conosci; queste equazioni hanno questo aspetto:

Se conosci il numero di moli (x) ma devi calcolare il numero di atomi (y), usa questa equazione:

$$\textbf{\textit{x moli}} \cdot \frac{6.022 \times 10^{23}}{\text{1 talpa}} = \textbf{\textit{y atomi}}$$

Invertendo il calcolo precedente, è possibile convertire un numero di atomi in una quantità molare dividendolo per il numero di Avogadro.

Se conosci il numero di atomi (x) ma devi calcolare il numero di moli (y), usa questa forma dell'equazione:

$$\frac{\text{x atomi}}{6.022 \times 1023 \text{ atomi}} = \text{y } \textbf{\textit{moli}}$$

16

1 talpa

Questo si può scrivere senza una frazione in _ denominatore di moltiplicando IL numero. Di atomi di IL reciproco Di di Avogadro numero:

$$\textbf{x atomi} \cdot \frac{1 \text{ mole}}{6{,}022 \times {}^{1023}} = \textbf{y moli}$$

Poiché è così utile nel calcolo del contenuto atomico e dei pesi molari, il numero di Avogadro viene spesso definito Costante di Avogadro.

È particolarmente utile per consentire agli scienziati di comunicare un gran numero di particelle con un'unità SI.

Costruire l'atomo

Senza una conoscenza pratica della struttura dell'atomo, come sarebbe possibile studiarne il comportamento e determinarne le proprietà?In poche parole, non lo sarebbe, e quindi è essenziale riconoscere il lavoro degli scienziati che hanno lavorato per ideare il primo modelli di un atomo come li intendiamo oggi.Questi primi modelli non erano perfetti, ma hanno permesso ai ricercatori che sono venuti dopo una migliore comprensione di come queste minuscole particelle di materia funzionano e interagiscono.

Uno dei primi modelli dell'atomo fu creato dal fisico britannico JJ Thomson nel 1904, noto come il modello "plum pudding'. A Thomson si attribuisce la scoperta della sub-particella atomica a carica negativa ora chiamata elettrone. Thomson si rese conto che per un atomo per essere tenuto insieme, ci deve essere anche una carica positiva contrastante.Così chiamato per il popolare dessert britannico di budino di pane con uvetta, il modello dell'atomo di budino di prugne mostrava un campo di positività (il budino) incorporato con elettroni negativi (l' uvetta Thomson era sulla strada

18

giusta, ma il modello dell'atomo non era ancora arrivato.

Il successivo avanzamento nel modello di lavoro di un atomo fu attraverso la ricerca di Ernest Rutherford e dei suoi studenti Hans Geiger ed Ernest Marsden, nel 1911. Gli esperimenti di Geiger-Marsden prevedevano il bombardamento di una sottile lamina d'oro con raggi alfa. attraverso il foglio. L'altra percentuale è stata deviata, portando gli scienziati a credere che qualcosa stesse causando la deflessione. A sua volta, questa osservazione li ha guidati all'ipotesi che ogni atomo avesse effettivamente un centro, o nucleo , Il modello risultante era la prima nuvola rappresentazione dell'atomo, uno con un nucleo con elettroni che fluttuano in orbite regolari, piuttosto che rimbalzare casualmente , come aveva rappresentato il modello del budino di prugne.

Nel 1913, lavorando con il fisico danese Niels Bohr, il modello fu leggermente aggiornato per riconoscere che il nucleo dell'atomo era costituito dalla particella subatomica ora nota come protone.Il protone e l'elettrone lavorano insieme per mantenere l'atomo a un livello elettrico neutro. Il modello di Rutherford-Bohr è più comunemente chiamato semplicemente modello di Bohr. È questa rappresentazione che la stragrande maggioranza delle persone, dai più giovani studenti di scienze delle scuole elementari ai fisici teorici più avanzati, usa e conosce oggi.

Fu solo quando il fisico ed ex studente di Rutherford James Chadwick scoprì il neutrone nel 1932 che il quadro completo dell'atomo venne messo a fuoco.Mentre la ricerca stava avanzando rapidamente nel campo della radioattività (ne parleremo tra poco), gli scienziati erano trovando difficile riconciliare i pesi atomici degli elementi basandosi esclusivamente sulla presenza di protoni ed elettroni.Mentre il numero di protoni in un atomo definisce il suo numero atomico, la massa del nucleo determina il suo peso atomico.Quindi, dov'era il differenziale *arrivando Chadwick* ha teorizzato che ci deve essere un'altra particella nel nucleo che influenza il peso atomico, ma non la carica elettrica dell'atomo.

Usando questa ipotesi, Chadwick condusse una serie di esperimenti usando radiazioni alfa e gamma per dimostrare le sue teorie, i cui risultati mostrarono l'esposizione di una nuova particella subatomica, il neutrone.

I neutroni sono mescolati con i protoni nel nucleo dell'atomo e hanno risolto l'enigma del perché i pesi atomici non fossero uguali al numero atomico.Questo sviluppo nella comprensione della costruzione dell'atomo valse a Chadwick il premio Nobel per la fisica nel 1935 e cambiò per sempre il volto della fisica quantistica.

Radioattività, isotopi e ricerca pionieristica

La cosa divertente della scoperta delle particelle subatomiche e dei primi modelli accurati dell'atomo è che questi progressi sono arrivati tardi nel gioco nell'ondata iniziale di sviluppi nella fisica quantistica.

La creazione di questi modelli accurati, tuttavia, ha dato agli scienziati che hanno seguito la capacità di guardare indietro al lavoro dei loro predecessori e utilizzare la loro ricerca per far crescere il campo della fisica quantistica a passi da gigante.

Il lavoro dei primi fisici delle particelle non è nulla da ignorare.

Lo scienziato francese Henri Becquerel, che lavorerà anche con Pierre e Marie Curie, stava sperimentando minerali fosforescenti quando si imbatté in quello che sarebbe stato il primo caso registrato di radioattività spontanea mentre studiava i sali di uranio. Spinto dalla scoperta dei raggi X da parte del suo collega Wilhelm Röntgen all'inizio del 1896, Becquerel ipotizzò che i sali di uranio potessero funzionare più o meno allo stesso modo e pensò di poter sfruttare il potere della loro fosforescenza esponendoli a una luce intensa come quella del sole.

Quello che Becquerel avrebbe presto scoperto è che non aveva bisogno di una fonte di luce per attivare la fosforescenza dei sali di uranio, insieme alla ricerca sul torio, così come il lavoro sul polonio e sul radio condotto dai Curie, teorie e prove della radioattività naturale. sarebbe valsa la neve negli anni che hanno preceduto la fine del 20° secolo. Ironia della sorte, un collega del padre di Becquerel, entrambi i primi fisici, aveva quasi accidentalmente scoperto la radioattività quasi quarant'anni prima delle scoperte del giovane Becquerel.

Quello scienziato, il francese Abel Niépce de Saint-Victor, stava facendo ricerche sulla fotografia e sui materiali di elaborazione fotosensibili quando osservò che le sostanze chimiche a base di uranio potevano esporre le lastre fotografiche prima che fossero sottoposte all'elaborazione della luce.

Se fosse stato abbastanza curioso da approfondire il motivo per cui l'uranio ha avuto questo effetto su quelle lastre fotografiche, avrebbe potuto vincere il premio Nobel per la scoperta.

Gli scienziati sono stati in grado di sfruttare il potere della radioattività ancor prima di comprendere appieno esattamente cosa stava causando questo comportamento. Insieme alla scoperta dei raggi X, erano in corso anche i primi lavori sull'uso dei raggi alfa, beta e gamma. radiazioni, anche se non ne capivano ancora il "perché". sperimentazione attraverso l'uso dei raggi.

Ciò che questi fisici pionieristici hanno capito è che ogni atomo di ogni elemento è in uno stato di flusso costante.

Questo movimento produce energia di scarto, che viene emessa sotto forma di radiazione.Alcuni elementi sono più stabili di altri, e quindi richiedono poca energia per mantenere la loro struttura.Altri elementi, come il radio, l'uranio e il torio, sono molto meno stabili. richiedono una grande quantità di energia atomica per mantenere la loro forma e, di conseguenza, questi elementi hanno una misura più elevata di radioattività.

Usando questa conoscenza, gli scienziati sono stati in grado di iniziare a concentrare questa radiazione. I raggi X, ovviamente, si sono rivelati utili per esporre le immagini nascoste all'interno di oggetti solidi quando combinati con l'elaborazione fotografica. Fu Rutherford a classificare i raggi alfa, beta e gamma Rutherford nominò e classificò i tipi di radiazione in base alla loro capacità di penetrare altre sostanze solide La radiazione alfa è costituita da particelle più grandi e più lente La radiazione beta è più veloce e composta da particelle leggermente più piccole della radiazione alfa La radiazione gamma è costituita da minuscole particelle , particelle in rapido movimento . penetrano facilmente nella maggior parte degli oggetti, indipendentemente dalla densità o dalla massa. Esistono, naturalmente, altri tipi di radiazioni; anche le emissioni elettromagnetiche come le microonde e la luce infrarossa, ultravioletta e visibile sono classificate come radiazioni.

La radioattività, termine coniato da Becquerel e reso famoso dai Curie, è direttamente correlata al nucleo dell'atomo e alla sua naturale disgregazione.

Una volta fatta la scoperta della radioattività, non è stato un gran salto scoprire esattamente cosa l'ha causata e cosa distingueva alcuni atomi dagli altri.

Sarebbe stato un altro collega di Rutherford, Frederick

Soddy, a suggerire per primo l'esistenza di isotopi, variazioni nella composizione subatomica degli atomi degli stessi elementi.Come risulta, il nucleo di un atomo, che consiste di protoni e neutroni, può avere un numero variabile di neutroni, che influisce sulla stabilità del nucleo .

Negli elementi con valori radioattivi elevati, come l'uranio o il torio, gli isotopi sono spesso instabili e spesso rilasciano neutroni portando a rapidi cambiamenti e rotture.Anche Becquerel e Marie e Pierre Curie, le cui ricerche pionieristiche su questi tipi di sostanze altamente radioattive, sarebbero tra i primo a riconoscere che le pesanti radiazioni gamma emesse erano anche la causa di un danno cellulare terribile e irreversibile, che ora sappiamo essere avvelenamento da radiazioni. Forse anche Pierre Curie sarebbe stato colpito da avvelenamento da radiazioni, se non fosse rimasto ucciso in un incidente in carrozza nel 1906. La sua vita e il suo successo scientifico furono tragicamente interrotti, ma Marie continuò il loro lavoro con l'aiuto della figlia Irene fino a quando lei stessa morte per leucemia correlata alle radiazioni nel 1934.

Rimane l'unica donna ad aver vinto due premi Nobel; il primo in Fisica fu per il lavoro dei Curie al fianco di Becquerel nel 1903, e il secondo in Chimica per la scoperta del polonio e del radio.

Tutti gli elementi hanno una misura della radioattività.

La ricerca pubblicata da Becquerel, Rutherford e i Curie ha portato a una comprensione molto maggiore della natura dell'atomo, come misurare il decadimento radioattivo e come usare le radiazioni in modo sicuro e mirato.

La scoperta dell'esistenza degli isotopi è ciò che ha dato al mondo macchine a raggi X mobili, datazione al carbonio-12 e, infine, energia nucleare e armi nucleari.

Tutto questo grazie agli isotopi e ai loro modelli di decadimento.

Se ricorderai le proprietà di un atomo di John Dalton, afferma esplicitamente che gli atomi non possono essere creati o distrutti.Sebbene ora disponiamo della tecnologia per dimostrare che Dalton si sbagliava, aveva anche ragione su una parte fondamentale di quella proprietà. distrutto, come dimostrato nella Legge sulla conservazione della massa di Antoine Lavoisier del

1789.

Diamo uno sguardo più approfondito a ciò che accade alla materia durante un processo chimico o un decadimento radioattivo.

Conservazione di materia, energia e massa

Ci sono leggi che governano tutto ciò che sappiamo sulla materia fisica e l'energia, e queste leggi universali costituiscono sia la spina dorsale che i fattori limitanti della fisica nel corso della storia della disciplina.

La Legge della Conservazione della Materia, nota anche come Conservazione della Massa, afferma che nessuna materia può essere creata o distrutta, ma solo trasformata in un'altra forma. Insieme, queste due leggi ci dicono tutto ciò che dobbiamo sapere sul bilanciamento delle reazioni chimiche e fisiche , compresa la radioattività.Le materie prime che compongono tutte le cose sono le più piccole particelle subatomiche e l'energia che emettono.

Quando si vogliono studiare i principi più avanzati della fisica quantistica, è fondamentale tenere a mente queste leggi.Prima che le leggi di conservazione fossero ipotizzate, verificate e cementate, l'alchimia era una pratica popolare e, sorprendentemente, gli alchimisti avevano la idea giusta, anche se non hanno mai trasformato il piombo in oro.

È possibile trasformare un elemento in un altro, ma

quando Soddy stava sviluppando la ricerca che ha portato alla scoperta degli isotopi, è stato anche parte integrante nella creazione della legge dello spostamento radioattivo. elemento emette radiazioni alfa o beta. Lavorando principalmente con il torio (un isotopo del radio), Soddy scoprì che un atomo che perdeva neutroni attraverso il decadimento alfa si trasmutava per diventare un elemento due spazi a sinistra nella tavola periodica, e quelli che i neutroni persi attraverso il decadimento beta si trasformerebbero in un elemento uno spazio a destra sul tavolo.

Anche il fisico polacco-americano Kazimierz Fajans, che lavorava nel laboratorio di Rutherford a Manchester, in Inghilterra, sviluppò indipendentemente la stessa ipotesi mentre studiava il comportamento dell'uranio; per questo motivo, la legge dello spostamento radioattivo è attribuita a entrambi gli uomini . ricerca sui valori di emivita dell'uranio.

Un tempo di dimezzamento è la quantità di tempo impiegata da un atomo per abbattere la metà della sua massa originale.

Pertanto, dopo un'emivita, rimarrà il 50%; dopo due

emivite, rimarrà il 25%, tre lasceranno il 12,5% e così via.

Gli elementi altamente radioattivi avranno tempi di dimezzamento molto più brevi rispetto agli elementi stabili, ma se parliamo sia di decadimento che di conservazione della materia, *dove va a finire il resto della massa originaria dell'atomo?*

Vediamo un esempio che può aiutarti a chiarire come pensi alla conservazione della materia.

Immagina di avere un falò.

Accumuli la legna, accendi un fiammifero e il tuo fuoco divampa.

Dopo un paio d'ore, hai finito il carburante e ti rimane un mucchio di cenere dove una volta c'era la tua catasta di legna .

Il mucchio di ceneri non è paragonabile in termini di volume ai ceppi con cui hai iniziato, quindi la materia deve essere stata distrutta, giusto? Sbagliato, è stata solo trasmutata. Pensa alle sostanze che compongono un ceppo di legna da ardere; , nutrienti elementari e acqua.

Quando questi componenti sono circondati da un flusso d'aria, che contiene ossigeno, azoto e altri gas atmosferici, e viene applicato il processo chimico di ignizione e fuoco, iniziano a verificarsi diverse cose.

Una delle prime cose fisiche che potresti notare quando accendi un falò è che sentirai sfrigolare e vedrai il vapore.Il calore del fuoco sta cambiando la fase delle molecole d'acqua contenute nella tua legna da ardere e i liquidi stanno diventando gas. La materia che inizialmente era l'acqua contenuta nel tronco è la stessa quantità di materia: è stata appena rilasciata nell'atmosfera.

Man mano che il tuo fuoco brucia, inizierai a vedere più cambiamenti. Gli elementi che costituiscono le strutture cellulosiche del legno inizieranno a scomporsi in molecole più basiche e infine nei suoi componenti atomici. I resti solidi saranno presenti nella forma di cenere, la cui massa sarà molto più piccola della massa originaria, il che significa che il resto della composizione elementare del tuo falò sarà stato rilasciato nell'atmosfera sotto forma di gas presenti nel vapore e nel fumo.

La tua equazione è iniziata come prevalentemente solida, con una piccola quantità di contenuto liquido e i gas atmosferici presenti per innescare la reazione chimica del fuoco.Alla fine, la maggior parte della materia sarà stata trasformata in gas vaporosi, lasciando dietro di sé le ceneri elementali dei solidi. Se potessi intrappolare e misurare i gas e aggiungerli alla massa delle ceneri, li troveresti uguali alla massa di legno e gas con cui hai iniziato.Potresti pensare all'equazione in questo modo:

Legna da ardere + gas atmosferici + catalizzatore

(fiammifero) = *gas atmosferici + ceneri*

Questo è ovviamente uno sguardo semplificato alla legge in questione, ma ti dà una solida base per pensare alla materia come una costante.

L'altra legge di cui siamo preoccupati in questa sezione è *la legge di conservazione dell'energia* , quindi iniziamo a pensare anche a questo in termini fondamentali.

La Legge di conservazione dell'energia è uno dei principi più antichi dello studio della fisica. Come promemoria, afferma che l'energia non può essere creata o distrutta ma può cambiare forma. C'è un avvertimento a questo perché può essere dimostrato solo in un Un sistema chiuso in cui l'energia non può essere influenzata da forze esterne.l'energia si presenta in diverse forme, che sono espresse come potenziale o cinetica.l'energia potenziale è l'energia che viene immagazzinata o accumulata all'interno della materia per un uso futuro.

Al contrario, l'energia cinetica è l'energia che la materia utilizza quando è attiva o in movimento. Per visualizzare il potenziale rispetto all'energia cinetica, pensa a un pendolo o a un bambino su un'altalena. sta esibendo energia potenziale. Non appena il pendolo inizia a oscillare , mostra energia cinetica.

Tutta l'energia può essere classificata come segue:

Meccanico: questa è l'energia che si trova negli oggetti fisici e il totale dell'energia meccanica è l'energia cinetica più l'energia potenziale.

Un oggetto in movimento utilizza l'energia cinetica, rendendo la sua energia potenziale pari a zero.

Un oggetto fermo sposta l'equazione nella direzione opposta. Un esempio di oggetto con un equilibrio di energia cinetica e potenziale potrebbe essere un'auto che sale su una ripida collina. Il veicolo si sta muovendo, ma

34

non alla sua velocità massima, il che significa che è non usando tutta la sua energia potenziale.

Elettromagnetico (Radiante): Questa è la forma di energia che si riferisce a tutto ciò che emette onde elettromagnetiche o luce, anche spettri non visibili come l'ultravioletto o l'infrarosso.

L'energia elettromagnetica può anche essere potenziale o cinetica, e questo potrebbe essere mostrato in qualcosa come una lampadina e un interruttore della luce.

L'energia potenziale viene trattenuta nel circuito chiuso. Quando l'interruttore viene premuto, il circuito si apre, consentendo all'elettricità di diventare cinetica, accendendo la lampadina, che converte ulteriormente l'energia elettrica in luce e calore. Microonde, onde radio e gamma i raggi sono anche tutti esempi di energia elettromagnetica.

Chimico: L'energia chimica è l'energia utilizzata o rilasciata durante processi o reazioni chimiche.

Un ottimo esempio dell'energia potenziale e cinetica di un processo chimico è un candelotto di dinamite.

La dinamite mostra energia potenziale prima

dell'applicazione del catalizzatore, in questo caso il fuoco, e quando esplode, mostra un'energia cinetica improvvisa e violenta.Converte anche parte della sua energia potenziale in energia sonora e termica, che vedremo Un esempio meno esplosivo di energia chimica nella vita reale potrebbe essere una batteria usa e getta che alimenta un giocattolo o una pianta usando la sua clorofilla, l'acqua, i gas atmosferici e l'energia radiante per creare glucosio per nutrirsi e ossigeno da emettere.

Sonic: L'energia sonora è, infatti, esattamente come "suona": questa è l'energia delle onde sonore.

Le onde sonore non possono esistere nel vuoto; devono avere un altro mezzo attraverso il quale viaggiare, come l'aria o l'acqua. Alcuni buoni esempi di energia sonora sono il suono della tua voce o la musica che viene riprodotta, o un boom sonoro da un aeroplano a reazione .

Termico: l'energia termica è l'energia del calore. Il calore è prodotto attraverso una varietà di mezzi chimici ed è distribuito tra i sistemi attraverso convezione, conduzione o trasferimento diretto. In poche parole, il calore cerca sempre di viaggiare dove c'è un'assenza di calore L'energia termica viene misurata trovando la differenza nella temperatura di base dei due sistemi.

L'energia termica è anche essenziale per capire come l'energia chimica e meccanica viene trasferita tra i sistemi.

Nucleare: l'energia nucleare è ciò che viene creato quando la parte centrale dell'atomo, il nucleo, viene scissa attraverso mezzi meccanici o chimici.Ci vuole una grande quantità di forza per rompere il nucleo e quella forza viene reindirizzata in energia nucleare , che può essere sfruttato per l'elettricità e per alimentare i motori.

L'energia nucleare, come la maggior parte delle persone sa, può anche essere contenuta in armi di distruzione di massa come bombe e testate , per passare attraverso le sue emivite rimanenti fino a diventare inattiva.

Gravitazionale: l'energia gravitazionale è la forza che mantiene gli oggetti attratti da ogni terra e non volano nello spazio.Essere in grado di comprendere l'energia gravitazionale è una parte fondamentale per poter studiare e comprendere la fisica non solo del nostro pianeta ma anche del sistema solare e oltre nello spazio profondo L'energia gravitazionale può spiegare fenomeni astronomici che non possiamo vedere con la nostra attuale tecnologia.

Se non altro, la fisica quantistica riguarda la relazione tra gli oggetti nel nostro universo, dalle particelle subatomiche più minuscole osservate con i nostri microscopi più precisi alle stelle più massicce e ai corpi astronomici oltre la portata dei nostri telescopi più potenti. e un'introduzione all'energia e alla materia, è tempo di passare ad alcuni concetti generali e scoperte rivoluzionarie della fisica quantistica. Inizieremo dando uno sguardo più da vicino alle particelle stesse e al modo in cui si muovono nel mondo .

Capitolo 2

Particelle, onde ed equazione di de Broglie

Nell'ultimo capitolo abbiamo parlato molto delle proprietà degli atomi e della natura dell'energia. Le particelle subatomiche che compongono gli atomi e il comportamento di questi atomi sono al centro della fisica quantistica. nel modo in cui gli atomi e le particelle subatomiche si muovono, come questo movimento può essere misurato e influenzato e l'impatto che il movimento subatomico ha sullo studio della fisica quantistica moderna.

Teoria delle particelle

Per comprendere le particelle, devi prima conoscere i principi della teoria delle particelle. La teoria delle particelle della materia e la teoria delle particelle dell'energia ci forniscono alcune verità universali sui pezzi più piccoli del nostro mondo. le teorie delle particelle.

La teoria delle particelle della materia consiste in cinque semplici affermazioni:

Tutta la materia è composta da minuscole particelle , questa prima affermazione sembra ovvia, poiché anche il "niente" è fatto di qualcosa. Tuttavia, senza impostare questa linea di base, è impossibile costruire il resto della teoria delle particelle e tutte le altre teorie che compongono la quantistica fisica.

Tutte le singole sostanze sono composte dal proprio tipo di materia , questo principio è ciò che consente agli scienziati di classificare gli elementi noti e identificare se le sostanze appena scoperte sono isotopi di elementi precedentemente riconosciuti o potenziali nuovi elementi.

Tutte le particelle sono costantemente in movimento, questo movimento è necessario per mantenere i legami atomici.Se le particelle che compongono un atomo smettessero di muoversi improvvisamente, l'atomo si disgregherebbe.

La temperatura influisce direttamente sulla velocità con cui si muovono le particelle: più le particelle sono calde, più velocemente si muovono. Puoi vederlo in un esperimento semplice come congelare dell'acqua, quindi lasciarla scongelare e farla roteare intorno a un bicchiere a temperatura ambiente, quindi farla bollire Il vapore si muove molto più velocemente del ghiaccio! Le particelle fredde rallentano per risparmiare energia, le particelle calde hanno più energia da spendere.

Tutte le particelle mostrano attrazione , la carica elettrica trasportata da atomi e molecole significa che tutte le particelle stanno cercando di connettersi con altre particelle che la pensano allo stesso modo.

Conoscere questi cinque principi della Teoria delle Particelle della Materia ti aiuterà a comprendere ulteriormente il nostro prossimo fondamentale della fisica quantistica, e questa è la Teoria delle Particelle dell'Energia.

Questa teoria è talvolta chiamata Teoria cinetica delle particelle e spiega e stabilisce le regole di base per i comportamenti delle particelle a diverse temperature e diversi stati della materia.

La teoria delle particelle cinetiche elenca i seguenti tratti della materia nei suoi diversi stati:

Solido: la materia è in uno stato solido quando è a una temperatura che non consente alle sue particelle di muoversi liberamente.Le particelle nei solidi sono disposte strettamente insieme in uno schema regolare e non possono muoversi; invece, essenzialmente vibrano nel spazio sono assegnati.Non c'è spazio tra le particelle per consentire qualsiasi altro movimento.La materia in uno stato solido mantiene la propria forma a causa della forza dei legami tra le particelle.

Liquido: la materia allo stato liquido è materia che si trova a una temperatura che consente alle particelle di espandersi e occupare più spazio.

Hanno più spazio tra di loro e possono fluire più liberamente e si muovono anche più velocemente e in modo più irregolare di quanto non fossero allo stato solido.

La materia allo stato liquido non può mantenere la sua forma.

Piuttosto, prende la forma del suo contenitore.

Gas: La materia allo stato gassoso è materia che è stata riscaldata fino al punto di ebollizione o evaporazione.

La temperatura è sufficientemente elevata da consentire alle particelle di distanziarsi in modo casuale e fluire liberamente.Se ristrette, le particelle prenderanno la forma del loro contenitore e, se non ristrette, si assimileranno all'atmosfera.Particelle allo stato gassoso sono le particelle più veloci e irregolari di tutte le particelle.

La temperatura alla quale la materia diventa solida, liquida o gassosa dipende dalla sostanza.

L'acqua (H_2O) diventa solida a 0* Celsius e diventa un gas a 100° C. Un'altra sostanza comune, l'alcool isopropilico (C_3H_8O) , non si congela finché non raggiunge -89° C ma diventa anche un gas a una temperatura inferiore a acqua.

Il punto di variazione del punto di ebollizione per l'isopropile è 80,4°C.

Ogni elemento e composto ha il proprio insieme di temperature che influenzano il suo stato di materia.

È fondamentale comprendere le fasi della materia e le proprietà che le accompagnano, ma è importante anche cogliere la dilatazione termica che è alla base di questi passaggi di stato.

Avrai la stessa quantità di ghiaccio, acqua e vapore con cui hai iniziato. Ciò che l'espansione termica aumenta è il volume dello spazio tra le particelle nella tua sostanza. Un altro elemento da notare sul concetto di espansione termica è quando un gas ha ha raggiunto il suo massimo livello di entropia ma è contenuto e non ha spazio per continuare ad espandersi, la forza fisica risultante è la pressione.i dispositivi non devono essere sottoposti a calore eccessivo.

Senza spazio per muoversi, il conseguente aumento della pressione può provocare un'esplosione.

I cambiamenti di fase si verificano attraverso alcuni processi chimici. I gas vengono prodotti attraverso l'ebollizione o l'evaporazione. L'ebollizione, contrariamente a quanto si crede, non dipende interamente dalla temperatura. Come un fornello caldo sotto una teiera. L'acqua inizierà a bollire e il vapore Al contrario, l'evaporazione si verificherebbe quando una casseruola aperta viene lasciata su un piano di lavoro.Nel tempo, la più attiva (la più eccitata) delle molecole d'acqua nella padella "fuggirà" dalla superficie *nell'atmosfera* .

Quando la materia si sposta da uno stato gassoso a uno liquido, è letteralmente attraverso il processo di condensazione, le particelle si stanno riconvertendo dal movimento irregolare diffuso a una condizione più condensata.

La condensazione si verifica quando la temperatura si abbassa a un punto in cui le particelle non possono mantenere la quantità di movimento che esibiscono quando sono allo stato gassoso.Quando la temperatura si abbassa ulteriormente, i liquidi iniziano a congelare o solidificare nei loro stati solidi.

Il rovescio di questo processo è la fusione dei solidi in liquidi.

Sia la fusione che l'ebollizione si verificano quando una sostanza raggiunge la sua temperatura latente o è stata sottoposta alla giusta quantità di calore latente.

Invece di fondere e bollire, a volte potresti vedere i termini "calore latente di fusione" (fusione) e "calore latente di vaporizzazione" (ebollizione).

Ci sono due valori anomali nella teoria delle particelle cinetiche: il processo chimico di sublimazione e l'esistenza del quarto stato della materia noto come plasma.La sublimazione è il passaggio della materia direttamente dalla fase solida alla fase gassosa, saltando completamente la fase liquida . Il miglior esempio di sublimazione comune è noto come " *ghiaccio secco* ", che è anidride carbonica (CO_2) congelata. Quando inizia a sciogliersi, non ha uno stato liquido e diventa immediatamente un gas in evaporazione. ghiaccio secco in acqua a temperatura ambiente Il ghiaccio secco è utile per la spedizione e la conservazione di oggetti congelati grazie alla sua estrema capacità di emettere freddo, ed è anche utilizzato per effetti speciali come macchine del fumo e decorazioni di Halloween grazie alla sua capacità di sublimare.

Il plasma è un concetto un po' strano da spiegare.

Il cosiddetto quarto stato della materia si verifica quando le particelle vengono private della loro carica

46

elettrica, facendole agire in modo completamente irregolare.

Il plasma è spesso considerato un gas, ma non si comporta allo stesso modo di un gas; le particelle di plasma non mantengono nemmeno lo spazio tra di loro e non hanno un'attrazione coesiva.

Queste particelle reagiscono prontamente a una carica elettrica, motivo per cui le applicazioni comuni del plasma sono luci al neon o fluorescenti e televisori al plasma.

Ora che abbiamo gettato i fondamenti della teoria delle particelle e dell'energia, è tempo di parlare di come funzionano e si muovono esattamente queste particelle. Tenendo a mente queste regole di base, inizieremo a dare un'occhiata più da vicino a come queste minuscole particelle fanno la loro strada attraverso l'universo, un'onda alla volta.

Teoria delle onde

Siamo stati tutti in spiaggia e abbiamo visto le onde che si infrangono sulla riva o hanno lasciato cadere un sasso in una pozzanghera e hanno visto l'acqua incresparsi dal punto in cui il sasso ha rotto la superficie. Riconosciamo questo movimento, ma ti sei mai fermato a pensarci *? come e perché esistono quelle onde?Che ne dici di pensare a quelle onde sulla scala più piccola?*

Le onde sono generalmente classificate in due categorie, meccaniche ed elettromagnetiche, e esamineremo queste classificazioni tra poco.

Prima di parlare di ciò che rende le onde diverse, diamo prima un'occhiata a ciò che rende le onde simili. Sappiamo già che tutte le particelle sono sempre in movimento, anche allo stato solido. Un'onda si verifica quando queste particelle iniziano a muoversi in un modo osservabile, Un'onda non può formarsi senza l'influenza esterna di altre forze sul movimento naturale delle particelle, ma un'onda NON è una particella.

Un'onda è energia in movimento e non possiede alcuna massa.

Le onde meccaniche ne sono un ottimo esempio.

Le onde meccaniche sono onde che muovono materiali e suoni, ma devono avere un mezzo attraverso il quale passare, non avvengono spontaneamente.

un sasso caduto in una pozzanghera, *ciò che fa sì che le* onde siano ancora legate l'una all'altra e, sulla superficie della pozzanghera, l'energia che stanno usando per rimanere connesse si traduce in tensione superficiale.

Quando quella tensione superficiale viene interrotta dalla massa del sasso, quell'energia (che, ricorda, non può essere creata o distrutta) deve andare da qualche parte, e quindi viene convertita in energia delle onde.

essere determinata dalla velocità del sasso, che a sua volta sarebbe determinato dall'altezza e dalla forza con cui è stato lasciato cadere.

Ciò influenzerà anche la frequenza delle onde, che è misurata in quante onde passano un punto fisso in un determinato periodo di tempo, cioè onde al secondo.

Il secondo tipo di onde sono le onde elettromagnetiche e questa classificazione delle onde include tutti gli spettri di luce, raggi X e radiazioni gamma.

Le onde elettromagnetiche sono costituite da pura

energia, ed è l'ampiezza e la frequenza di quelle onde che definiscono che tipo di energia è attraverso il vuoto dello spazio.

L'energia luminosa è suddivisa in un ampio spettro che va dall'ultravioletto alla luce visibile e termina con le onde infrarosse e culmina con le trasmissioni radio ad onde lunghe .

Onde cosmiche, raggi gamma, raggi X, raggi ultravioletti (UV), spettro della luce visibile (viola, indaco, blu, verde, giallo, arancione, rosso), infrarossi, microonde, radar, radio a onde corte, radio FM, televisione analogica , radio AM, radio a onde lunghe.

Non ci pensiamo, ma le onde sono ovunque intorno a noi in qualsiasi momento.

La maggior parte di questi raggi è relativamente innocua, ma gli scienziati hanno imparato la lezione dai primi giorni di lavoro con i raggi X e le radiazioni che possono avere effetti collaterali dannosi di alcuni tipi di onde elettromagnetiche. Non ci volle molto per trovare soluzioni semplici e pratiche a questi problemi di esposizione, motivo per cui ancora oggi i tecnici di radiologia indosseranno e offriranno ai loro pazienti schermi e grembiuli rivestiti di piombo per prevenire qualsiasi tipo di onde elettromagnetiche. danno tissutale da contatto non necessario con i raggi X.

Le onde sono parte integrante del funzionamento dell'universo. Senza onde, non avremmo radio, televisione o forni a microonde. Non saremmo in grado di comunicare con le persone dall'altra parte del mondo, e nemmeno con i nostri astronauti in Le onde sono responsabili di ogni sfumatura, sfumatura e sfumatura di colore che illumina il nostro mondo e la luce che ci raggiunge dal sole.

Gli scienziati ora sanno anche che le onde gravitazionali sono reali e misurabili, aggiungendosi alla nostra conoscenza generale delle onde e di come interagiscono i pezzi più piccoli e più grandi del nostro universo.

Può essere difficile avvolgere la tua mente intorno al concetto di onde come cose che esistono ma non hanno massa. Invece di pensare a cosa non sono, pensa di più a cosa sono: sistemi integrali, in movimento, di consegna. non avrebbero la luce vivificante del sole e non sarebbero in grado di parlarsi. Le onde sono necessarie e incredibili. Ora che abbiamo appreso i fondamenti dietro particelle e onde, esamineremo la

51

teoria A che lega insieme questi due concetti e ci dà una maggiore comprensione del quadro generale della fisica esaminando ulteriormente le parti più piccole.

Ipotesi di particelle e onde di de Broglie

Il fisico francese Louis de Broglie (che fu anche il settimo duca de Broglie) divenne famoso tra la metà e la fine degli anni '20 per il suo lavoro pionieristico sulla dualità onda-particella di cui parleremo a lungo in questa sezione. un amore per la storia militare e la retorica, e il suo primo grado superiore fu nelle discipline umanistiche.

Avrebbe continuato a studiare e ricevere lauree in matematica e fisica ed era conosciuto come uno studente prolifico e uno studente esemplare.

Nel 1914, de Broglie entrò nell'esercito francese per prestare servizio nella Prima guerra mondiale.

Durante questo servizio, fu di stanza a Parigi e incaricato di sviluppare, mantenere e gestire unità di trasmissione radio, la più famosa, quella montata sulla Torre Eiffel.

Sarebbe anche stato tra i primi ad aiutare a installare apparecchiature di comunicazione radio nei sottomarini.

Fu questa esperienza con le onde radio che accese il precedente interesse casuale di de Broglie per il movimento e il comportamento delle onde.Quando fu rilasciato dall'esercito nel 1919, de Broglie iniziò a condurre esperimenti su onde e particelle nel laboratorio di suo fratello Maurice (anche lui fisico). Nel 1924 pubblicò il suo lavoro fondamentale sull'argomento, Recherches sur la théorie des quanta, o Ricerca sulla teoria dei quanti.

La sua teoria affermava che *"qualsiasi particella o oggetto in movimento ha un'onda associata"* .

Ha basato la sua ipotesi sui suoi studi sul lavoro di Planck ed Einstein, che avevano condotto ricerche approfondite sulle proprietà dell'energia luminosa e sulla dualità onda-particella.

La teoria della dualità onda-particella era stata sviluppata per spiegare il comportamento degli oggetti su scala quantistica.

de Broglie era interessato a portare la teoria onda-particella al livello quantico per decifrare l'attività che vedeva negli elettroni.

Sospettava che si stessero comportando più o meno nello stesso modo in cui Einstein aveva dimostrato che si comportava la luce quando aveva teorizzato l'esistenza dei fotoni.

Certi che anche gli elettroni agissero e viaggiassero in onde, de Broglie e i suoi colleghi cercarono di trovare un modo per dimostrare l'ipotesi.

La ricerca risultante ha portato gli scienziati all'argomento della nostra prossima sezione, l'equazione di de Broglie.

Equazione di de Broglie

L'equazione di de Broglie è un adattamento di alcune delle precedenti equazioni di Planck ed Einstein che spiegano il comportamento della luce sotto forma di fotoni. Utilizzando il lavoro condotto da George Paget Thomson sui raggi catodici diffratti e gli esperimenti sul comportamento degli elettroni ora noti come studi di Davisson-Germer, de Broglie è stato in grado di concludere che le particelle possono, e di fatto, agire come onde.

Questa è l'equazione che ha creato per spiegare e calcolare quel comportamento:

$$\lambda = h/mv$$

In questa equazione, il simbolo greco lambda rappresenta la lunghezza d'onda, h è la costante di Planck (di cui discuteremo lo sviluppo in un capitolo successivo), m è la massa *della* particella in movimento e v è rappresentativa della velocità della particella.

L'equazione di de Broglie è usata per dimostrare che le particelle esibiscono la stessa dualità particella-onda della luce.

L'equazione serve anche a mostrare che le lunghezze d'onda cambiano nel tempo di una distanza, poiché la loro energia iniziale si sposta dal potenziale al cinetico e di nuovo al potenziale.

Hai mai visto un'esibizione di ginnastica ritmica?

I ginnasti usano spesso nastri grandi e lunghi per creare bellissimi effetti visivi mentre completano le loro routine. Ma questi nastri possono illustrare la perdita di energia durante la vita di un'onda, anche senza la famosa equazione di de Broglie. Puoi ricreare questo esperimento a casa con una lunghezza di nastro.

Prendi il tuo nastro, tienilo per l'estremità in una mano, orizzontalmente al suolo. In questo modo, crei il piano lungo il quale viaggeranno le tue onde. Ora muovi la mano su e giù con un movimento fluido per creare l'ampiezza di la tua onda. Noterai che le onde sono più frequenti più vicino alla fonte della loro energia (la tua mano) che alla fine del nastro. Questo perché perdono energia nel tempo e la lunghezza d'onda inizia ad aumentare.

Anche l'ampiezza inizierà a diminuire.

Hai dimostrato con successo perché e come l'equazione

di de Broglie calcola il moto ondoso medio di una particella nel tempo.

Per il suo lavoro, de Broglie ricevette il Premio Nobel per la Fisica nel 1929, e Davisson e Germer avrebbero anche ricevuto il premio nel 1937 per la loro capacità di provare l'ipotesi nei loro laboratori. sulla massa del neutrino, la termodinamica e la dualità nelle leggi della fisica e della natura, ma è la sua equazione per la quale rimane la più nota.

Capitolo 3
Il modello di Bohr,
l'equazione di Schrödinger,
e l'impatto dell'ipotesi di de
Broglie

Una delle cose più incredibili della scienza è il metodo scientifico stesso. Se ricordi una delle tue lezioni di scienze alle medie, ricorderai sicuramente di aver appreso che la radice di tutta la scienza è essere in grado di produrre risultati documentati, misurabili, ripetibili e tangibili Forse hai avuto un insegnante che era un pignolo per i quaderni di laboratorio tenuti correttamente.

Per gli uomini e le donne che hanno rivoluzionato il campo della fisica quantistica, annotare e documentare attentamente tutte le loro ricerche ha permesso loro di creare documenti e libri dettagliati, donando la loro conoscenza al mondo.

Ha anche permesso ad altri di tentare di ricreare i loro esperimenti per provare o confutare le teorie dei loro colleghi.

Nel caso della fisica quantistica, la disciplina esplose e avanzò così rapidamente tra la fine del XIX e l'inizio del XX secolo che non passò molto tempo prima che tutti coloro che erano coinvolti nella scienza costruissero, modificassero o addirittura confutassero le teorie di tutti gli altri. le cose che hanno resistito alla prova del tempo, tuttavia, sono l'ipotesi di de Broglie e l'equazione di de Broglie, ma ha avuto un intoppo quando il modello dell'atomo è passato dal modello di Bohr al modello più accurato e avanzato proposto da Erwin Schrödinger nel 1926.

Ripensare la struttura atomica e la dualità particella-onda

Attraverso il lavoro di Planck, Einstein e de Broglie, le teorie sulla vera natura delle particelle venivano create, provate e adattate a nuove ricerche a un ritmo incredibile durante i primi decenni del 1900. Allo stesso tempo, altri fisici ha continuato a perfezionare e ricreare il modello funzionante dell'atomo.

Sebbene questi due rami di ricerca avvenissero in modo indipendente, l'impatto e l'intreccio di questo lavoro sono innegabili . accettato.

Mentre de Broglie lavorava per sviluppare e dimostrare la sua ipotesi di estendere la dualità particella-onda per includere elettroni e altre particelle subatomiche, Schrödinger pubblicò il suo modello aggiornato dell'atomo.

Mentre i modelli di Rutherford e Bohr erano, e rimangono, ottimi esempi per insegnare la struttura di base di un atomo, il modello di Schrödinger è una rappresentazione più accurata del comportamento delle particelle subatomiche, quando immaginiamo i modelli che abbiamo appreso per la prima volta a scuola.

Il modello di Schrödinger è una visione tridimensionale dell'atomo che offre agli scienziati un concetto più dettagliato di ciò che gli elettroni di un atomo stanno facendo in un dato momento e ha anche dato origine all'equazione di Schrödinger.

Questa frase matematica è ciò che ha dato al fisico austriaco il soprannome di *"padre della meccanica quantistica"*.

Prima di anticipare noi stessi, facciamo il collegamento tra l'equazione di Schrödinger, il

de Broglie e il loro impatto combinato sul mondo della fisica quantistica L'equazione di Schrödinger, che è scritta come:

$$E\psi = H\psi \,--$$

ed è molto simile in funzione all'equazione di de Broglie,

$$\lambda = h/mv.$$

Poiché questa è fisica quantistica per principianti e l'equazione di Schrödinger NON è per principianti, qui abbiamo usato la forma più semplice e le daremo la definizione più elementare.

La cosa più importante che vogliamo che tu abbia è

stata la relazione che questa equazione ha con l'equazione di de Broglie e il modo in cui lavorano insieme per formare le basi della meccanica quantistica e della fisica quantistica.

L'equazione di Schrödinger viene utilizzata come predittore.

Il lato sinistro dell'equazione mostra l'energia disponibile (E) in un sistema d'onda chiuso e la funzione d'onda (rappresentata dalla lettera greca Psi).

Ciò indica una previsione di dove potrebbe trovarsi una particella in un dato momento nel suo movimento ondulatorio.

È mostrato nell'equazione come uguale alla stessa funzione d'onda e all'operatore hamiltoniano (H), un numero che indica il totale dell'energia potenziale e cinetica all'interno del sistema.

Sembra che entrambi i lati dell'equazione siano uguali perché hanno appena detto la stessa cosa in due modi diversi, ma non è esattamente così.Ricorda che la funzione d'onda stessa (la variabile indicata da Psi) è il risultato di un complicata equazione derivata.

La sua presenza in questa equazione lineare semplificata

è solo perché è già stata calcolata e cancellata.

Schrödinger sviluppò questa equazione perché voleva un modo più semplice per impartire il potenziale di una particella di muoversi lungo una lunghezza d'onda. famosa teoria su un gatto in un sistema chiuso- dove ha postulato che un gatto in una scatola potrebbe potenzialmente essere morto o vivo e aveva un'uguale possibilità di trovarsi in entrambi gli stati.

Tuttavia, nessuno poteva esserne sicuro fino a quando la scatola non fosse stata aperta e il gatto non fosse stato osservato. Era questo tipo di filosofia che l'eccentrico scienziato inserì nella sua equazione di previsione delle onde. Schrödinger voleva essere in grado di per trovare un modo per convertire la probabilità che una particella si trovi in un luogo specifico in un'equazione lineare che rappresenterebbe quel comportamento.

Se sei incerto su qualsiasi parte dell'equazione, puoi, proprio come l'equazione di Avogadro discussa nel Capitolo 1, inserire una qualsiasi delle variabili per determinare i numeri che ti mancano.

Relazione tra l'equazione di Schrödinger e l'equazione di de Broglie

L'equazione di Schrödinger può essere complicata, ma quella di de Broglie, per fortuna, non lo è. Quando la prima equazione fu pubblicata nel 1924, de Broglie le diede un'occhiata e pensò che fosse formidabile, ma aveva bisogno di qualcosa di più semplice per poter eseguire i suoi esperimenti e calcola i numeri che lo avrebbero aiutato nella sua ricerca. L'equazione di Schrödinger ha aiutato de Broglie a comprendere meglio la funzione d'onda, portando alla fine a costruire la sua equazione per la lunghezza d'onda. , tutto inizia a combaciare.

$$\lambda = h/mv$$

ci mostra la prevedibilità della funzione d'onda e l'equazione di de Broglie ci mostra come calcolare la lunghezza d'onda in base alla quantità di moto (massa per velocità) di una particella . *si riferisce inoltre a questo primo studio della meccanica quantistica?*

La seconda equazione di de Broglie si scrive così:

$$f = E/h$$

Questa equazione mostra che la frequenza (f) dell'onda di una particella è uguale alla sua energia (E) divisa per la costante di Planck (h). ancora, ma lo faremo. Sarà più facile comprenderne appieno il significato e l'impatto se prima ti rendi conto del ruolo importante che gioca nelle equazioni più utilizzate nella fisica quantistica e nella meccanica quantistica. Quindi, con due semplici equazioni derivate dall'equazione di Schrödinger complessa equazione, de Broglie è in grado di spiegare sia il comportamento della lunghezza d'onda nel tempo sia la frequenza delle onde dati i loro livelli di energia.Fantastico!Quindi *come è avvenuta l'evoluzione del modello dell'atomo dal modello di Bohr lineare e bidimensionale al modello più avanzato, proposto dallo stesso Schrödinger, influirà sul modo in cui i fisici hanno gestito la dualità e la funzione d'onda andando avanti?*

Adattare i fondamenti man mano che la conoscenza si evolve

Fino al 1926, la maggior parte dei fisici sviluppò e condusse i propri esperimenti utilizzando il modello di Bohr dell'atomo, che, come ricorderete, mostrava gli elettroni che viaggiavano in orbite fisse attorno al nucleo.

Una volta che Erwin Schrödinger propose la sua equazione per prevedere dove gli elettroni potevano essere basati sul loro movimento potenziale, Louis de Broglie fu in grado di seguire la sua equazione per determinare la lunghezza d'onda delle particelle.Rotte rappresentate nel modello di Bohr.

Schrödinger propose un nuovo modello funzionante dell'atomo nel 1926, che divenne rapidamente ampiamente accettato come il *"modello quantomeccanico"*.

Questo modello è ancora in uso oggi.Il motivo per cui questo modello è considerato più accurato è che il modello di Bohr è principalmente bidimensionale.È organizzato nei cosiddetti gusci di valenza, con gli elettroni che hanno maggiori probabilità di essere eccitati e staccarsi viaggiando nelle orbite esterne, e gli elettroni più stabili vengono mostrati mentre viaggiano più vicino al nucleo.Il modello di Bohr rimane un buon modello per insegnare le basi della chimica e della fisica atomica ai giovani studenti, ma i fisici che hanno lavorato e continuano a lavorare per far avanzare la comprensione del comportamento quantistico era necessario qualcosa di più vicino a un vero modello funzionante tridimensionale dell'atomo.

Schrödinger ha riconosciuto che gli elettroni non sono solo in costante movimento, ma si comportano come onde piuttosto che come particelle.Il suo modello, il modello quantistico-meccanico, riflette quell'evoluzione nella comprensione del comportamento delle particelle.Schrödinger pensava che il suo modello avrebbe rappresentato più accuratamente la fluttuazione costante che si verifica all'interno dell'orbita di un elettrone mentre viene spinto e tirato dalla forza gravitazionale del nucleo.Piuttosto che solo gli elettroni nel guscio di valenza esterno del modello di Bohr, qualsiasi elettrone che si trovasse vicino all'intervallo esterno del campo gravitazionale sarebbe il quelli che hanno maggiori probabilità di staccarsi o formare connessioni con altri atomi per formare molecole.

Oggi gli scienziati usano il modello quantomeccanico dell'atomo come base per la loro sperimentazione.

Spesso usano anche il termine "nuvola di probabilità" per descrivere ciò che vedono in termini di posizione degli elettroni di un atomo. dovrebbero fare, anche se il movimento non può essere osservato. Lo svantaggio di questo modello è che anche quando uno scienziato ha la capacità di osservare il comportamento atomico, il movimento delle onde a livello di particella è ancora quasi impercettibile. Matematicamente valido, potrebbero ancora non avere la capacità di osservarlo in azione e dimostrarlo vero. Ecco perché alcuni scienziati temono che questo modello non non soddisfa il principio di indeterminazione di Heisenberg, mentre altri sostengono che lo faccia.

Discuteremo di questo principio più avanti nel libro, quindi puoi considerare le prove e giudicare da solo.Per ora, passiamo alla storia, alla definizione e alle applicazioni pratiche del numero che stavi aspettando, la costante di Planck.

Capitolo 4

La costante di Planck

Abbiamo già menzionato la Costante di Planck o la Costante di Planck in diversi contesti nei primi capitoli di questo libro, Planck, e perché il suo lavoro è stato così cruciale per il progresso della comprensione della dualità onda-particella.

Max Planck e i suoi primi lavori

Max Planck era un fisico tedesco che proveniva da una grande famiglia di studiosi e accademici. Ha ricevuto gran parte della sua istruzione a livello di scuola elementare a Monaco, dove eccelleva in matematica e meccanica, ed era anche noto per avere talento musicale, formazione per cantare e suonare più strumenti. A detta di tutti, avrebbe potuto intraprendere una carriera nell'esecuzione classica, ma scelse invece di seguire il suo sogno di diventare un fisico. All'inizio degli anni 1880, Planck era considerato una delle giovani stelle nascenti più brillanti nel campo, e alla fine di quel decennio, aveva già scalato la scala del mondo accademico per prendere un posto alla Friedrich-Wilhelms-Universität di Berlino.Quando si ritirò da questa posizione nel 1926, gli successe nientemeno che Erwin Schrödinger.

Planck era affascinato dalla termodinamica e gran parte delle sue prime ricerche, compresa quella per il suo primo dottorato, si concentrò su questo studio.Era anche interessato all'entropia, un concetto che sentiva "spaventato" da molti dei suoi colleghi.

I suoi articoli fornirono la base perché molti altri iniziassero a dimostrare le proprie teorie, come quella dell'ipotesi della dissoluzione elettrolitica di Svante Arrhenius. Planck sarebbe diventato anche un docente molto ricercato, riempiendo le aule di studenti interessati, molti dei quali lo lodarono come il migliore oratore che avessero mai sentito.

I numerosi successi professionali di Planck, inclusa la vittoria del Premio Nobel per la fisica nel 1918 per la sua scoperta dei quanti di energia, furono raggiunti nel corso di una vita di perdita personale.

La guerra ha segnato molti dei momenti della vita del fisico, a partire dai conflitti prussiani da bambino e culminando con la tragica perdita di molte delle sue carte personali e delle sue ricerche durante il bombardamento di Berlino durante la seconda guerra mondiale.Ha perso un figlio nella battaglia di Verdun durante la prima guerra mondiale, un altro figlio fu impiccato come traditore dai nazisti nel 1945 ed entrambe le sue figlie morirono di parto.

Rimase vedovo quando perse la sua prima moglie Marie a causa della tubercolosi nel 1918. Si risposò e gli sopravvissero solo il figlio più piccolo, un figlio di nome Hermann, e la sua seconda moglie, Marga.Durante questi periodi di turbolenze personali e professionali, Planck rimase per sempre lo stoico tedesco, che si rifiutò di voltare le spalle ai suoi colleghi ebrei durante l'ascesa del Terzo Reich e durante la seconda guerra mondiale.Come capo delle più importanti società scientifiche tedesche, adottò il motto di "perseverare e continuare a lavorare" e incoraggiò i suoi avrebbe continuato a tenere conferenze fino alla sua morte nel 1947, ma la sua eredità nel campo della fisica quantistica continua ancora oggi.

Corpi neri e spettro elettromagnetico

Il lavoro di Planck e lo sviluppo della costante derivarono dalla sua ricerca sullo spettro elettromagnetico e dalla sua teoria sul comportamento dei corpi neri, secondo cui il corpo non solo poteva assorbire tutta quella radiazione, ma poteva, a sua volta, immagazzinarla e ri-irradiarla. più tardi.

Pensa di avere un gatto bianco e un paio di pantaloni neri.

Se il gatto dorme su quei pantaloni, questi attireranno e tratterranno la maggior parte, se non tutta, della pelliccia che il gatto perde su di loro .

La pelliccia inizia a volare indietro dal tessuto e nell'atmosfera circostante Planck voleva sapere se un corpo nero, nel vuoto, avrebbe raccolto, assorbito e poi irradiato tutta l'energia che incontrava, o se era necessario agire su di esso da una forza esterna perché ciò accadesse.Era anche curioso di sapere cosa sarebbe successo in un sistema aperto, come il gatto ei pantaloni.La radiazione del corpo nero dipende dalla termodinamica e dalla termostabilità.

Per questo motivo, a volte viene anche chiamata

radiazione termica o radiazione di temperatura.

Su larga scala, il miglior esempio di radiazione di corpo nero è un buco nero, che assorbe tutto entro un raggio commisurato alla sua massa. Man mano che assorbe più massa ed energia, inizia a crescere e ad aumentare il suo raggio o *"orizzonte degli eventi"*, aumentando la sua attrazione gravitazionale. Poiché assorbe tutte le onde elettromagnetiche, incluso lo spettro della luce visibile, il *"buco"* appare nero. Ricorda, un buco nero non è letteralmente un buco, ma un oggetto la cui massa è così densa da apparire come una singolarità incolore. Planck e molti altri teorizzarono che un buco nero trattiene l'energia e la massa che raccoglie, ma che , come tutte le cose, raggiungerebbe un punto di rottura e inizierebbe a irradiare tutta quell'energia verso l'esterno.

Ha ipotizzato che qualsiasi cambiamento di temperatura o una massiccia fluttuazione di energia avrebbe espulso il sistema in cui stava operando il corpo nero e forzato l'inversione dell'assorbimento; in altre parole, il corpo nero avrebbe iniziato a irradiare tutta l'energia che aveva assorbito in precedenza. in seguito, il famoso fisico Dr. Stephen Hawking ipotizzerebbe che i buchi neri e i corpi neri irradiano sempre nuovamente l'energia assorbita, sulla base dei cambiamenti termodinamici riscontrati lungo gli orizzonti degli eventi dei buchi neri noti. , ma ne parleremo un po' nel nostro capitolo su Einstein.

Legge di Planck e sviluppo della costante

Quindi, ti starai chiedendo cosa abbiano a che fare i buchi neri, che sono massicci, con la fisica quantistica, che si occupa di particelle microscopiche. Planck era concentrato sulla ricerca di una spiegazione per il comportamento della luce visibile e la temperatura alla quale la radiazione emesse da un corpo nero raggiungono l'equilibrio. Ad esempio, il sole può essere considerato un corpo nero, anche se imperfetto, perché contiene una massa sufficiente per attrarre gravitazionalmente la radiazione dall'area circostante ed emettere radiazione sotto forma di luce e calore La temperatura alla quale il sole raggiunge l'equilibrio è di 5.777 gradi Kelvin (9938° F, 5503° C) .

Planck stava cercando un modo per risolvere un problema noto come *"catastrofe ultravioletta"*, che possiamo tutti concordare è un nome piuttosto drammatico per un enigma della fisica.

La catastrofe ultravioletta era un'anomalia osservata dai fisici che cercavano di spiegare il comportamento dei corpi neri mentre emettevano radiazioni.

Molti contemporanei di Planck stavano osservando

questo evento catastrofico nelle loro ricerche.

Mentre gli scienziati credevano che un corpo nero dovesse irradiare energia a una velocità costante attraverso l'ampio spettro elettromagnetico, stavano invece scoprendo che i corpi neri stavano emettendo grandi quantità di radiazioni in lampi ad alta energia e ad alta frequenza, che avrebbero rapidamente consumare l'energia assorbita e portare il sistema a zero più velocemente del previsto .

Nei suoi tentativi di comprendere e risolvere la catastrofe ultravioletta, Planck scoprì che il problema con la fisica classica applicata all'enigma era che non tenevano conto del fatto che l'intero spettro della radiazione elettromagnetica diminuiva di frequenza e lunghezza d'onda nel tempo e cambiasse in temperatura. Aggiungendo queste variabili nell'equazione, Planck è stato in grado di sviluppare la legge di Planck.

Usa la matematica per descrivere la relazione tra l'energia assorbita da un corpo nero e la velocità di rilascio di quella radiazione a una certa temperatura, considerando che la velocità di variazione dell'energia potrebbe essere emessa solo in incrementi proporzionali alla densità spettrale dell'energia elettromagnetica onda.

In termini semplificati, la legge di Planck descrive un sistema chiuso in cui l'energia assorbita e l'energia irradiata da un corpo nero a temperatura costante rimane in equilibrio ma tiene conto dei cambiamenti nella frequenza e nella lunghezza d'onda della radiazione data l'energia potenziale e lo zero netto • natura del sistema chiuso.

Quando si usa la matematica applicata per dimostrare la legge di Planck, i risultati possono essere tracciati su una curva che mostra che la frequenza delle onde elettromagnetiche diminuirà dopo un certo tempo, dato il tipo di radiazione. Planck e i suoi colleghi si riferivano a questa azione come densità spettrale La capacità di esprimere questo comportamento fece progredire radicalmente il campo della fisica quantistica e lo separò ancora di più dai teorici classici.

Molti scienziati segnano la pubblicazione della Legge di Planck nel 1901 come la "nascita" della moderna fisica quantistica.

Misura e comportamento Costante di Planck in azione

Uno dei fattori chiave nello sviluppo della Legge di Planck è l'uso del numero per cui siamo tutti qui, la Costante di Planck. Un modo semplice per pensare alla Costante di Planck, anche prima di entrare in qualsiasi matematica. La base dietro la costante era il desiderio di Planck di dare un nome o un'unità alla più piccola quantità possibile di energia.Questo è tutto.Planck sapeva che i pezzi più piccoli di materia erano stati scoperti (all'epoca, questo era l'atomo e le sue parti subatomiche).Voleva un modo per "quantizzare" o misurare l'energia nella sua più piccola onda. Fu nella sua ricerca di questo che nacque la Costante di Planck. Ecco, gli oggetti matematici del nostro affetto:

$$h = 6,6262 \times 10^{-34} \text{ Joule secondo}$$

Analizziamo cosa significano i numeri e come Planck è arrivato a loro.

Francamente, la h è semplicemente la lettera variabile che Planck scelse perché non era usata per rappresentare nient'altro in matematica o nel nascente campo della fisica quantistica.L'unità SI joule-secondo non deve essere confusa con joule al secondo. -secondo sta da solo come unità per misurare sia il tempo che l'azione.

Ora passiamo al numero stesso, 6,6262 x 10-34 è un numero davvero minuscolo che rappresenta la quantità di energia prodotta da una singola particella.

Sappiamo che tutte le particelle vibrano.

Planck fu il primo a quantificare o *"quantizzare"* quella vibrazione.

Il modo più semplice per utilizzare la costante di Planck è determinare l'energia di un fotone moltiplicando la costante per la frequenza del fotone.Questo funziona perché sappiamo che la massa di una particella, come quella di un fotone, è uguale alla sua energia.Non importa quali variabili possiedi, sarai in grado di calcolare quelli che ti mancano, e tutto grazie alla costante di Planck.

$$\mathbf{E} = hf$$

In questa equazione standard che mostra l'uso della costante di Planck, vediamo che l'energia (E) di un fotone o di una particella è uguale alla frequenza (f) moltiplicata per la costante, un principio fondamentale della fisica quantistica e della meccanica quantistica .

È stata questa equazione che de Broglie ha fatto un ulteriore passo avanti nella creazione della sua, che, come sappiamo, calcola il comportamento di un'onda in base alla sua quantità di moto.La costante di Planck ha anche un ruolo importante nel principio di indeterminazione di Heisenberg, che esploreremo in qualche approfondimento nel prossimo capitolo.

Sviluppo e uso della costante ridotta di Planck un altro uso per Planck

Un altro uso della costante di Planck è nella sua forma ridotta, simboleggiata dalla barra h, che ha questo aspetto: ħ La barra h è usata al posto della h standard nei calcoli che tengono conto del momento angolare piuttosto che del momento lineare. La quantità di moto lineare è, ovviamente, calcolata moltiplicando la massa per la velocità.

Rappresenta la quantità di moto di un oggetto o di una particella mentre viaggia lungo due piani, il più delle volte in linea retta.Il momento angolare è un prodotto del calcolo della quantità di moto in tre dimensioni.

Un esempio comune di questo sarebbe un giroscopio, che ha la capacità di muoversi in diverse direzioni e mantiene il suo movimento grazie alla capacità di adattarsi a quelle dimensioni.

Nella fisica classica, il momento angolare è calcolato attraverso la somma della quantità di moto di tutte le parti in movimento, ma questo non sempre funziona su scala quantistica. Affinché i fisici possano determinare con precisione la quantità di moto delle particelle in tre dimensioni su una scala quantistica, era necessaria una nuova equazione. Usando la costante di Planck nella sua forma standard, i fisici possono usare l'equazione di de Broglie per risolvere i momenti sconosciuti. Per risolvere i momenti sconosciuti nel caso di una particella che mostra momento angolare, una derivata della Costante di Planck, che ora chiamiamo Costante Ridotta di Planck, e la ℏ rappresenta questo nuovo valore, che viene determinato in forma di equazione in questo modo:

$$\hbar = \frac{h}{2\,pi}$$

Come puoi vedere, la costante di Planck divisa per due volte pi ci dà la costante di Planck ridotta.

Perché questo funziona per trovare variabili sconosciute in problemi che coinvolgono particelle che si muovono in tre dimensioni?

Per capirlo, devi anche capire che un'onda fa parte di una parabola.

Sappiamo che se una parabola viene estrapolata oltre la sua curva, alla fine può connettersi e formare un cerchio completo o 360°.

Tuttavia, le onde non tornano naturalmente su se stesse e completano un cerchio di 360°.

Invece, gli scienziati misurano un ciclo d'onda completo, dal suo piano di partenza (la linea di base) fino alla sommità della sua ampiezza (la cresta) e di nuovo giù attraverso la linea di base fino al suo punto più basso (la depressione) a 360° .

Ogni volta che l'onda completa questo movimento viene misurato come un hertz, e questa è considerata la frequenza dell'onda.

Questo non deve essere confuso con la lunghezza d'onda, che misura la distanza tra le creste di un'onda.

Dividendo la costante di Planck per 2 π (l'equazione standard per determinare la circonferenza di un cerchio di 360* o la frequenza di un'onda), la costante ridotta può essere utilizzata per calcolare la quantità di moto di oggetti o particelle che si muovono lungo più di un piano a una Un esempio di adattamento dell'equazione di de Broglie per utilizzare la costante di Planck ridotta è: $p = \hbar k$

In questo esempio, la variabile **p** sta per quantità di moto, la barra **h** mostra la costante ridotta di Planck (calcolata utilizzando la frequenza dell'onda in questione) e **k** rappresenta il numero d'onda angolare.

Il numero d'onda angolare è un termine esagerato per la misurazione delle onde che si verificano su una certa distanza, piuttosto che misurarle nel tempo.

Sebbene la costante ridotta di Planck non sia usata tanto quanto la costante standard, è utile per determinare il movimento e la quantità di moto in quei casi in cui una particella o un oggetto viaggia lungo più di due piani.

Lo stesso Planck era spesso disinvolto riguardo al suo lavoro e spesso diceva alle persone, come nel caso della costante, che stava solo cercando numeri che avrebbero dato un senso ad altri numeri.

Una volta si riferì persino alla costante come a un *"trucco matematico."* Era una mente brillante che probabilmente scartava la maggior parte della sua ricerca come mezzo per un fine, e Planck sarebbe probabilmente sorpreso dall'impatto della sua eredità sullo sviluppo futuro Ma, a dire la verità, senza Planck, le sue leggi e la sua costante, l'uomo potrebbe non aver mai raggiunto i viaggi nello spazio o costruito macchinari di ricerca avanzati come il Large Hadron Collider.

Capitolo 5

Principio di indeterminazione di Heisenberg

Siamo stati tutti incerti a volte.

Vogliamo il pollo o il pesce, che film vogliamo vedere?

Alla fine, prendi una decisione e l'incertezza scompare. Ma per comprendere il prossimo concetto che stiamo per affrontare, devi pensare di essere sia certo che incerto allo stesso tempo. Il principio di indeterminazione di Heisenberg, che ha introdotto nel mondo nel 1927, mira a spiegare uno dei più grandi problemi della meccanica quantistica , *come si può prevedere dove si troverà una particella in un dato momento, anche con la conoscenza della sua quantità di moto o della sua posizione precedente?In* primo luogo, diamo un'occhiata al lavoro di Heisenberg che lo ha portato fino al principio di incertezza.

Gli inizi di Heisenberg in fisica

Werner Heisenberg è nato in Germania da genitori accademici. Suo padre era un professore di lingue antiche e filosofia greca, e il giovane Werner amava impegnarsi in discussioni filosofiche con i propri insegnanti e coetanei. Parlava quasi con amore dell'atomo come di un pensiero filosofico ricerca, che potrebbe essere spiegata in modo affidabile solo con la matematica.

Avrebbe studiato sotto e con alcune delle altre grandi menti scientifiche del suo tempo, incluso lo stesso Niels Bohr.

Heisenberg aveva anche talento musicale, un filo conduttore tra molti dei fisici pionieristici.

La sua propensione per il pianoforte lo ha portato a incontrare la sua futura moglie, Elizabeth, dopo un'esibizione, anch'essa proveniente da una famiglia accademica e che lo ha incoraggiato per tutta la sua carriera a spingere le sue teorie e ricerche verso nuove vette di scoperta. con gli scout tedeschi per tutta la vita.

Spesso si ritirava in montagna quando pensava a un problema fisico o matematico incredibilmente difficile.

Sebbene oggi sia conosciuto principalmente per il suo famoso principio di indeterminazione, il primo lavoro importante di Heisenberg fu una collaborazione nata dalla sua tesi di dottorato.

In collaborazione con Max Born e Pascual Jordan, Heisenberg propose un insieme di matrici matematiche che potevano essere usate per descrivere e prevedere il moto delle particelle atomiche in relazione a processi meccanici.Sfortunatamente per Heisenberg e i suoi colleghi, erano nel campo di Bohr di fisica teorica, che veniva lentamente abbandonata per il lavoro più progressista di Einstein, Planck, Schrödinger, de Broglie.Mentre la fisica classica e la matematica erano ancora un fondamento dei nuovi campi della fisica quantistica, della meccanica quantistica e degli studi atomici, le discipline stavano sperimentando un divario in rapida espansione nelle credenze e nei principi.Sebbene le matrici meccaniche di Heisenberg non fossero universalmente accettate o utilizzate dalla comunità dei fisici, non erano prive di merito.

Parte del motivo per cui sono caduti nel dimenticatoio è che la scuola di Bohr stava cadendo in disgrazia perché obsoleta. Anche se questo sembra un po' ridicolo data la velocità con cui venivano fatte nuove scoperte quantistiche, Bohr ei suoi contemporanei e studenti erano fermamente radicati nelle proprietà fisiche dell'atomo come oggetto reale e tangibile.

Mentre il campo di Einstein studiava la dualità onda-particella, il campo di Bohr si occupava di quelli che chiamavano fasci discreti, particelle quantistiche che viaggiano insieme in pacchetti di energia. certezza al cento per cento.

Mentre Heisenberg si sarebbe allontanato dai suoi precedenti colleghi nel pensiero e nell'azione, in parte a causa del fatto che Jordan lasciò il mondo accademico per diventare ufficiale delle SS naziste negli anni '30, più tardi nella vita avrebbe dato credito a Born e Jordan come determinanti per il suo sviluppo iniziale. e l'eventuale ricezione del Premio Nobel.

Lo stesso Heisenberg avrebbe trascorso gran parte degli anni '30 e '40 sotto il controllo dei nazisti.

Hanno ritenuto il suo lavoro controproducente rispetto al loro interesse a sfruttare l'energia nucleare esclusivamente a scopo di armamento.

Lo sviluppo del principio di incertezza

Il principio di indeterminazione di Heisenberg è diventato l'eredità duratura di Heisenberg nel mondo della fisica delle particelle, e ci è voluto molto tempo per svilupparlo e perfezionarlo. Heisenberg non avrebbe mai abbandonato completamente la sua fede nella scuola di studio di Bohr. Tuttavia, alla fine avrebbe dovuto riconoscere che il lavoro di quelli della scuola di Einstein stava guadagnando più attenzione. Le opinioni di Heisenberg sugli studi condotti da coloro che lavoravano in collaborazione con Einstein erano complicate. Considerava il loro lavoro come trattare la *"realtà"* e si considerava un *"antirealista"*. La contraddizione qui è che Heisenberg amava la matematica della fisica, che si occupa principalmente di realtà.I numeri sono assoluti e sono molto reali.

Quindi, da dove ha *avuto origine il Principio di Indeterminazione?*

Diamo un'occhiata alla premessa di base del Principio di Indeterminazione (che, tra l'altro, Heisenberg stesso chiamò Principio di Indeterminazione).

Afferma che è impossibile conoscere

contemporaneamente sia la posizione che la quantità di moto di una particella, anche utilizzando osservazioni, predittori ed equazioni.

Questa è un'affermazione carina e audace, quindi diamo un'occhiata al motivo per cui è sia vera che controversa.Ovviamente, se puoi vedere e misurare qualcosa, allora sicuramente è esattamente quello che pensi che sia e dove ti aspetti che sia .

Ancora oggi gli scienziati sostengono questo punto: molti ritengono che misurare con precisione le particelle sia l'unico modo per essere sicuri del loro comportamento.

Perché Heisenberg dovrebbe essere così incerto su questo?

Heisenberg ha affermato che la natura del movimento quantistico è che c'è un limite alla quantità di conoscenza che si può ottenere da esso. Credeva che ci fossero forze all'opera all'interno di un sistema quantistico che erano al di là della portata dell'osservazione e della comprensione umana. Heisenberg disse così fino a teorizzare che più accuratamente una variabile all'interno di un sistema può essere misurata, maggiore è l'imprecisione di un'altra misurazione.In termini semplici, più precisa è la misurazione della posizione di una particella, meno precisa è la misurazione della sua quantità di moto, e viceversa.

Perché dovrebbe pensare questo?

E più precisamente, poteva dimostrarlo con la sua amata matematica?

Usando le sue matrici meccaniche presentate in precedenza, Heisenberg si proponeva di dimostrare il suo principio di indeterminazione, e infatti, date le minime variazioni nel movimento e nella quantità di moto delle particelle, procedette a dimostrare che a , moltiplicato per b , non era sempre **uguale a** b **moltiplicato** per **a** .

Le differenze infinitesimali da lui osservate nel movimento quantistico servirono come base matematica per quello che sarebbe diventato il principio di incertezza.

Ricorda, Heisenberg e i suoi colleghi si occupavano principalmente di sistemi meccanici, il che significa che le particelle non esistevano nel vuoto, come con i sistemi elettromagnetici. Heisenberg concluse che l'esistenza anche delle più minuscole forze esterne stava facendo sì che gli atomi si comportassero in un modo ciò rendeva l'osservazione e la misurazione di portata limitata, limitando così la conoscenza che si poteva ottenere dallo studio del sistema.

Poiché era anche un uomo di filosofia e azione, Heisenberg condusse anche quello che i suoi compagni consideravano un *"esperimento mentale"* , anche se Niels Bohr avrebbe poi ammesso che la base scientifica della ricerca era il comportamento solido delle particelle atomiche, vale a dire gli elettroni, usando un microscopio a raggi gamma.

Osservando queste particelle, ha notato che la radiazione gamma agiva contro il movimento naturale delle particelle.

Stava essenzialmente *"prendendo a calci"* gli elettroni, non permettendogli di ottenere un'immagine precisa di ciò che la particella avrebbe dovuto fare nel loro stato naturale ... microscopio accurato per le particelle.

Ciò che accadde fu un'imprevedibilità ancora maggiore da parte degli elettroni, sui quali ora agiva l'energia del microscopio più potente.

Heisenberg alla fine ipotizzò che fosse una limitazione della natura del movimento quantistico stesso e non la portata o le limitazioni dell'attrezzatura di osservazione stessa a creare il paradosso dell'incertezza.

che applicava uno strumento di osservazione che emetteva più energia, immetteva quell'energia nel sistema e aumentava ulteriormente l'incertezza.

Se sai cosa sta facendo, non puoi individuare la sua posizione esatta.Questo principio è ora uno dei fondamenti della fisica delle particelle, della meccanica quantistica, della chimica quantistica e della fisica teorica.

Quando gli scienziati vogliono utilizzare il principio di indeterminazione di Heisenberg nel loro lavoro, considerano tutti i fattori attenuanti che potrebbero influenzare le loro misurazioni e osservazioni, comprese le capacità e i limiti delle loro attrezzature di laboratorio. Considerano anche l'accuratezza dei loro dati di base, la fiducia che hanno nel loro lavoro precedente o preparatorio e nel lavoro di altri e l'incertezza precedentemente nota di esperimenti o materiali simili. Raccogliendo e confrontando questi dati prima di iniziare un esperimento , fisici e chimici possono determinare il potenziale di variazioni e margini di errore all'interno della loro ricerca.

Incertezza matematica e costante di Planck

in azione

Nello sviluppare un'equazione per esprimere il Principio di Indeterminazione in termini utilizzabili, Heisenberg dovette utilizzare la Costante Ridotta di Planck, o barra h, di cui abbiamo discusso nel capitolo precedente.

La forma più semplice di questa equazione è mostrata qui:

$$\Delta x \, \Delta p_x \geq \frac{\hbar}{2}$$

Questa equazione è una rappresentazione visiva del principio e puoi vedere la costante ridotta di Planck sul lato destro della frase matematica.

È diviso per due perché ci sono due variabili sul lato sinistro dell'equazione.

Su quel lato sinistro, vediamo due delta greci, che sono le incertezze.

Il Δ seguito dalla variabile x rappresenta la misura della posizione di una particella quantistica, e il Δ seguito dalla variabile px , che rappresenta la misura della quantità di moto della particella.

Il Δ stesso rappresenta la deviazione standard.

Quando mettiamo tutto insieme, l'intera equazione dice: *"La deviazione standard della posizione moltiplicata per la deviazione standard della quantità di moto è maggiore o uguale alla metà della costante ridotta di Planck"*.

Analizzato in questo modo, non è difficile capire a cosa Heisenberg volesse arrivare con il suo principio.

La deviazione standard è la quantità al di sopra o al di sotto di una posizione prevista o misurata in precedenza in cui ci si può aspettare che la particella si trovi o la sua quantità di moto prevista o misurata in precedenza.

Questo varierà a seconda delle particelle e delle condizioni, ovviamente.

Predisse che queste quantità moltiplicate l'una per l'altra avrebbero sempre prodotto un numero uguale o maggiore della costante ridotta divisa per il numero di variabili.Le particelle erano previste con una precisione del cento per cento prima ancora che entrassero nel campo operativo, il che è statisticamente altamente, altamente improbabile.

Separare l'incertezza dall'effetto osservatore

All'interno di tutta la scienza, c'è un enigma noto come l'Effetto Osservatore. .

Quindi, *questo significa che tutti i risultati della ricerca sono falsi?*

No, e la variazione nei risultati è così solitamente così minima che sono quasi impercettibili.

Tuttavia, queste variazioni esistono ancora.

Non devono, tuttavia, essere confusi con il principio di incertezza.

Il Principio di Indeterminazione dovrebbe essere considerato separatamente come Effetto Osservatore perché l'Effetto Osservatore è presente in quasi ogni aspetto della vita, sia su scala microscopica che macroscopica.

Non puoi vedere in una stanza buia senza agire su di essa con una fonte di luce. Non puoi osservare una particella atomica senza uno strumento con cui eseguire le tue osservazioni. Ogni volta che cerchiamo di osservare qualcosa, dobbiamo agire su di essa con qualche forza, che quindi metterà in atto un cambiamento nel sistema.Ci sono anche alcune informazioni errate o idee sbagliate che l'osservatore è sempre umano e che l'errore o l'interferenza umana è il fattore determinante nell'Effetto Osservatore.

Questo non è vero, l'Effetto Osservatore si verifica anche nel caso di strumenti di osservazione meccanici, robotici o digitali .

Non riusciremmo mai a imparare niente!

Per fortuna, gli effetti effettivi dell'osservazione sono per lo più innocui e possono essere calcolati con un margine di errore, escludendo ovviamente qualsiasi interazione veramente catastrofica, come il fallimento di un intero esperimento o qualche altro avvenimento bizzarro.

Correzioni, confutazioni e adattamenti del principio di indeterminazione

Sono successe molte cose nel mondo scientifico da quando Heisenberg ha introdotto per la prima volta il principio di incertezza e, nel corso dei decenni, ha avuto la sua giusta dose di controversie e adattamenti.

C'è un campo, anche se piccolo, di scienziati moderni che hanno confutato il principio di indeterminazione di Heisenberg nella sua interezza.

C'è anche un contingente più ampio che ritiene che lo spirito del principio debba essere sostenuto ma che necessiti di alcune modifiche o chiarimenti per rimanere idoneo all'uso.

Poiché il principio di incertezza può essere applicato solo allo studio a livello quantistico, molti scienziati sentono il bisogno di adattarlo a un livello macro, ma ciò non è matematicamente possibile.la posizione e la quantità di moto degli oggetti senza l'uso di apparecchiature che influenzeranno le variabili .Nella meccanica quantistica, è necessario utilizzare strumenti di misurazione e osservazione che avranno un impatto sul sistema. Questa è una delle differenze fondamentali tra fisica e meccanica classica e quantistica.

C'è anche una scuola di pensiero che respinge completamente il Principio di Indeterminazione e abbraccia esclusivamente l'equazione d'onda di Schrödinger, sebbene anche questo non sia l'approccio più giusto, perché la fisica quantistica e la meccanica quantistica trattano le due facce della stessa medaglia di prevedibilità e misurabilità atomiche.

Il principio di incertezza offre maggiore flessibilità nell'interpretazione dei dati, il che è ironico data la devozione di Heisenberg per gli assoluti della matematica ma non sorprendente, dato il suo uguale amore per la filosofia e la retorica.

Indipendentemente dalla scuola di pensiero in cui cadi, il Principio di Indeterminazione è stato e rimarrà un punto di riferimento nello sviluppo della fisica delle particelle e della meccanica quantistica.Ci sono molti che lo rifiutano solo perché non vogliono pensare alla possibilità di essere incapaci sapere tutto sul comportamento delle particelle anche se abbiamo gli strumenti per osservarlo e misurarlo.

Mentre il mondo è popolato da molte persone coraggiose, la paura dell'ignoto è un comportamento limitante degli esseri umani e non è probabile che venga superata in tempi brevi.

L'ultimo pensiero controverso che offriremo sul principio di indeterminazione è questo, ed è a sostegno del principio: se la strumentazione è diventata sempre più precisa nel tempo, *perché il principio è ancora valido?*

Ci sono molti che credono che sia solo diventato più preveggente, poiché la strumentazione moderna è più forte e più accurata di quanto non sia mai stata.

Sta a te decidere come ti senti riguardo al Principio di Indeterminazione, ma forse potresti fare una lunga camminata in montagna e pensarci, proprio come avrebbe fatto lo stesso Heisenberg.

Capitolo 6

Einstein e i suoi
Fondamenti di fisica

Siamo arrivati al nostro ultimo capitolo, e sì, abbiamo riservato il nome (e la faccia) più importante della fisica quantistica per il gran finale. Albert Einstein non è stato solo uno dei contributori più brillanti della scienza, ma è stato anche uno dei più prolifici Einstein è noto in tutto il mondo per essere stato un pioniere nello studio e nella comprensione della fisica quantistica. Diamo uno sguardo dettagliato all'uomo stesso e ad alcuni dei suoi risultati e contributi più importanti e duraturi nel campo della fisica.

Primi anni di vita e lavoro

Albert Einstein nacque nel Regno di Württemberg, uno stato dell'Impero tedesco, nel 1879. Sebbene la sua famiglia fosse ebrea non praticante, avrebbe frequentato una scuola cattolica per la sua educazione della prima infanzia.Ha trascorso gran parte dell'infanzia a Monaco, dove suo padre e suo zio costruirono e gestirono un'azienda di forniture elettriche.Einstein eccelleva in matematica e scienze, scrivendo importanti articoli sugli stati della materia prima dei 16 anni . musica e filosofia nella sua prima adolescenza.Il giovane Albert superò ogni tutor che la sua famiglia poteva fornirgli e fu ammesso all'università presso la Scuola tecnica federale svizzera al suo secondo tentativo agli esami di ammissione.Aveva fallito il primo per mancanza di educazione generale.

Con il permesso del padre, Einstein rinunciò alla cittadinanza tedesca e divenne cittadino svizzero per evitare il servizio militare obbligatorio.Si sarebbe diplomato alla scuola tecnica con il massimo dei voti ma sarebbe stato frustrato dalla mancanza di posti di insegnamento nel suo campo. lavoro, l'aspirante scienziato ha accettato un lavoro nell'ufficio federale dei brevetti della Svizzera, una scelta che avrebbe cambiato il corso della storia della scienza.

Mentre lavorava presso l'ufficio brevetti, Einstein ha esaminato una serie di domande di invenzioni che affermavano di sfruttare i segnali elettrici.

Furono queste domande di brevetto che avrebbero dato il via al fascino di Einstein per la connessione tra le particelle cariche e la natura degli atomi in viaggio e della luce.

Non contento di deperire in un lavoro governativo di basso livello, Einstein lavorò per i suoi titoli di studio avanzati e discusse di scienza e filosofia con i suoi amici.Egli ottenne finalmente il dottorato dall'Università di Zurigo nel 1905, dando il via a quello che è stato definito il suo " *l'anno dei miracoli*" e, ad essere sinceri, ciò che realizzò solo nel 1905 occuperà la maggior parte del resto del capitolo.

Non solo presentò e difese la sua tesi sulla determinazione delle dimensioni molecolari, ma pubblicò anche importanti articoli sul moto browniano, l'effetto fotoelettrico, la teoria della relatività ristretta e l'equazione di equivalenza di massa, che oggi è conosciuta come la più famosa equazione nel mondo. Va notato, questo è stato l'anno in cui Einstein ha compiuto solo 26 anni.

Moto browniano

Il primo documento rivoluzionario di Einstein del 1905 fu il suo trattato sul moto browniano. In termini più semplici, il moto browniano è il movimento casuale di particelle quando sono sospese in un gas o in un fluido. Questo fenomeno è così chiamato per un botanico di nome Robert Brown che, nel 1827, osservò il movimento del polline sospeso nell'acqua Einstein fu il primo a dare un serio credito alle note di Brown sull'evento.

Quando Einstein pubblicò il suo articolo, lo fece per sostenere che il moto browniano fosse il risultato della presenza di atomi e molecole nell'acqua, fornendo un condotto per il movimento delle particelle di polline. sulle particelle si osserva il loro movimento sospeso.

Prendendo questa teoria, un po' più avanti c'è l'idea che nessuna delle particelle bombardate e rimbalzate può essere contata a causa della loro casualità, né gli atomi o le molecole che costituiscono il mezzo energetico. lungo circa una pagina) sono stati sostituiti con versioni semplificate create da altri scienziati.

Nonostante le sue equazioni siano state gradualmente eliminate e nonostante la teoria del moto browniano sia stata dimostrata nel 1909 da Jean Perrin, piuttosto che dallo stesso Einstein, il merito originale del concetto rimane di Einstein.

In vero stile Einstein, era più divertito dall'affronto iniziale della sua teoria di quanto ne fosse orgoglioso quando fu finalmente dimostrata.

L'interpretazione di Einstein del moto browniano si sarebbe rivelata determinante nello sviluppo di molte altre teorie da parte di fisici sia classici che teorici e di coloro che si stavano interessando ai campi in erba della fisica quantistica e della meccanica quantistica: il calore, la legge di Stoke e la legge ideale del gas.

L'effetto fotoelettrico

L'effetto fotoelettrico è un'altra delle ipotesi rivoluzionarie di Einstein del 1905, e cambierebbe la visione del mondo scientifico sul modo in cui la luce viaggia e viene trasmessa radiazione nello spettro luminoso.In altre parole, quando la luce (dall'ultravioletto all'infrarosso) tocca una sostanza, fa sì che quella sostanza rilasci elettroni.La ragione per cui l'articolo di Einstein era così innovativo è che era in diretta contraddizione con la teoria elettromagnetica della fisica classica.Quel modello mostrava un flusso prevedibile di elettroni lungo un campo elettrico creato dalla forza e dall'energia di la corrente circostante.

Nel modello di fotoelettricità di Einstein, gli elettroni non fluiscono, ma vengono scagliati dalla loro sostanza madre in modo piuttosto violento.Immaginate di trovarvi di fronte a un muro di cartongesso.

Cosa accadrebbe se lanciassi qualcosa contro il muro?A seconda della quantità di moto di ciò che lanci, potrebbe passare attraverso il muro.

Oppure potrebbe colpire il muro e perdere tutto il suo slancio e cadere a terra.Non importa quale di queste tre reazioni avvenga, una cosa è certa, e cioè che pezzi di muro a secco verranno rilasciati dal muro quando e da dove il tuo oggetto lo colpisce.

Puoi pensare al muro come alla sostanza di prova, all'oggetto che lanci come a un raggio di energia luminosa e al muro a secco che vola via dal muro mentre gli elettroni vengono rilasciati.

Einstein non fu certo il primo a suggerire l'effetto fotoelettrico, ma fu il primo ad essere preso sul serio.Già nel 1860, gli scienziati suggerivano che la luce avesse le caratteristiche sia delle particelle che delle onde, ma non erano sicuri di come dimostrarlo Alla fine del 1880, Heinrich Hertz fu in grado di produrre radiazioni elettromagnetiche, ma non riusciva a spiegare perché i suoi risultati cambiassero quando usò i raggi ultravioletti invece della luce visibile o dell'infrarosso. lunghezze d'onda della radiazione infrarossa.

La persona successiva che affrontò il mistero dell'energia luminosa fu JJ Thomson, che abbiamo incontrato all'inizio di questo libro come progenitore del modello dell'atomo al budino di prugne.

Come ricorderete, Thomson fu anche il primo a identificare gli elettroni: fu uno scienziato di nome Philipp Lenard che colmò il divario tra Thomson ed Einstein quando Lenard condusse ricerche approfondite per trovare la soglia minima alla quale la luce scaricava elettroni da altri materiali Ha giocato con l'aumento dell'intensità delle sue sorgenti luminose ma non è mai riuscito a trovare una spiegazione del perché i materiali si comportassero in quel modo.Entra Einstein, che sarebbe quello di fare i collegamenti tra il comportamento della luce e la sua reale natura, ovvero che la luce, non avendo massa, deve essere fatta di pura energia e quindi è un'onda di particelle che ora sappiamo essere fotoni.

Senza Einstein che risolvesse l'enigma dell'effetto fotoelettrico, non saremmo mai giunti a una piena comprensione della dualità onda-particella.

È stato in grado di spiegare perché gli esperimenti di Lenard con l'intensità della luce non stavano producendo i risultati attesi: non era l'ampiezza delle sue onde che mancava, ma piuttosto la frequenza.

Aumentando la frequenza delle onde nel processo sperimentale, Einstein fu in grado di ottenere i risultati che Lenard stava cercando, ovvero un aumento degli elettroni rilasciati da una piastra metallica quando colpita da onde luminose.

Con un articolo sull'effetto fotoelettrico, Einstein capovolse il mondo della fisica teorica.

Affermando che la luce era, in effetti, un flusso di particelle che si comportavano come un'onda, il volto della fisica quantistica cambiò per sempre.Nella forma corretta di Einstein, lui, ovviamente, fu in grado di creare una serie di equazioni per quantificare la sua teoria, e A differenza delle sue equazioni per il moto browniano, queste si sono bloccate.

Per mettere in pratica la matematica sull'effetto fotoelettrico, l'equazione di Einstein si presenta così:

$$\textbf{Kmax} = hv - W$$

Guarda! C'è la costante del nostro vecchio amico Planck, che si presenta per dare una mano. Analizziamo cosa sta succedendo in questa equazione, iniziando con la K sul lato sinistro. Questa variabile, con il suo pedice, rappresenta l'energia cinetica massima *degli* elettroni sulla superficie prima di essere sottoposto ad un'onda luminosa.

Sul lato destro dell'equazione, vediamo le variabili di cui avremo bisogno per determinare l'energia cinetica massima. La h è la costante di Planck, e viene moltiplicata per v, che è la frequenza dell'onda applicata agli elettroni. di hv viene quindi sottratta l'ultima variabile W , essendo W la funzione lavoro degli elettroni.

Per capire il lavoro, funzionare un po' meglio, potrebbe essere utile sapere che questa variabile è a volte rappresentata come BE, che sta per energia di legame.

È compito dello scienziato determinare qual è la frequenza di soglia per le onde che stanno usando rispetto al materiale da cui desiderano rimuovere gli elettroni .

Questa relazione aumenterà proporzionalmente tra materiali con legami elettronici robusti e stabili, questi materiali avranno bisogno di onde elettromagnetiche di frequenza crescente per indurli a liberare i loro elettroni. Il suo lavoro sulla spiegazione dell'effetto fotoelettrico è stato così fondamentale, è il concetto che ha vinto

Einstein il suo premio Nobel nel 1921, nonostante il resto delle sue teorie pionieristiche.Categoriando la luce sia come un'onda che come una particella, Einstein ha aperto le porte per la ricerca e progresso di tante altre teorie e ha dato vita a un intero nuovo mondo di possibilità quantistiche.

Relatività generale, relatività ristretta ed equivalenza di massa

Per capire perché le teorie della relatività di Einstein e il concetto di equivalenza di massa erano e rimangono così importanti, dobbiamo tornare un po' indietro nel tempo.

Poiché tutta la fisica è costruita sul lavoro degli scienziati che sono venuti prima, dobbiamo prima guardare ai due componenti più vecchi che sono stati i fattori primari in quelle che sarebbero diventate le ipotesi di Einstein.

Il primo fattore sono le leggi classiche del moto, sviluppate da Sir Isaac Newton alla fine del 1600.

Dalle teorie che cambiano il mondo di Newton, sappiamo le seguenti cose:

1) Un corpo in movimento rimane in movimento e un corpo in quiete rimane in quiete a meno che non sia agito da una forza esterna.

2) La forza è uguale alla variazione della quantità di moto per unità di variazione nel tempo.

3) Ad ogni azione corrisponde una reazione uguale e contraria.

Le leggi di Newton furono la base della fisica classica e rimasero indiscusse per quasi due secoli.

È solo quando hanno cominciato a essere esaminati più da vicino che è iniziata la deviazione tra la fisica classica e la fisica quantistica.

Le particelle quantistiche, come sappiamo, non si comportano allo stesso modo dei macrooggetti.

La seconda cosa che dobbiamo inserire nel background dello sviluppo delle teorie della relatività è la scoperta della velocità della luce e il primo lavoro sulla natura della luce.

Un fisico scozzese di nome James Maxwell fu il primo a determinare la velocità della luce (186.000 miglia al secondo) nel 1865, e suggerì anche che la luce esibisse le proprietà sia di un'onda che di una particella . viaggio.

Nel 1880, una coppia di scienziati americani decifrò il codice se la luce avesse bisogno di un mezzo o se potesse viaggiare nel vuoto.

Sembra l'inizio di una barzelletta, ma un fisico e un chimico sono entrati in un bar e hanno scommesso l'un l'altro che sarebbero riusciti a capire i misteri della luce.

Ok, non è andata esattamente così, ma il risultato è che AA Michelson ed Edward Morley hanno stabilito che la luce non ha bisogno di " *etere*" per circondarla e può viaggiare attraverso lo spazio e il tempo da sola, grazie mille. , e tutti noi, pensiamo alla natura stessa della vita.

Quando Einstein era solo un adolescente nel 1890, era affascinato dal movimento e dalla natura della luce, scrivendo ampi articoli ed eseguendo i suoi famosi *"esperimenti mentali"* sull'argomento.

Scriveva di uno di questi esperimenti, in cui si immaginava di cavalcare un'onda di luce e vedeva un'altra onda di luce correre in parallelo.

Nonostante la sua massa fosse in cima alla prima onda, la velocità non ne risentì ei due raggi di luce continuarono a viaggiare alla stessa velocità.Ciò in cui il giovane Einstein si è imbattuto sono state le origini delle sue teorie della relatività.

La fisica classica avrebbe detto a Einstein che se si trovasse sopra un'onda in movimento, correndo parallelamente a un'altra onda che si muove alla stessa velocità, allora la velocità relativa delle onde sarebbe pari a zero.

Questa, tuttavia, è una diretta contraddizione con l'affermazione comprovata di Maxwell secondo cui la luce viaggia sempre alla stessa velocità, che sappiamo essere di 186.000 miglia al secondo.

Questo ha fatto riflettere Einstein, *come possono i raggi di luce che viaggiano uno accanto all'altro avere la stessa velocità di 186.000 miglia al secondo ma anche avere una velocità relativa pari a zero?*

Se hai seguito fino a qui, ecco cosa possiamo concludere: due oggetti che si muovono alla stessa identica velocità lungo lo stesso asse avranno lo stesso punto di vista e vedranno le stesse cose.

È tutto simultaneo e la loro velocità relativa è zero, secondo le teorie della fisica classica, con le quali Einstein non era in disaccordo.

Tuttavia, se due oggetti non si muovono alla stessa velocità, la loro velocità relativa è la differenza tra le due velocità. Immagina i treni che viaggiano su binari paralleli. Un treno viaggia a 100 km/h e l'altro a 50 km/h . pesa il stessi, lasciano la stazione contemporaneamente e raggiungono la loro massima accelerazione nello stesso tempo, ma il treno più veloce raggiunge la destinazione nella metà del tempo rispetto al treno più lento perché hanno un differenziale di velocità relativo di 50 km/h.

Il primo treno percorre 100 miglia nel corso di un'ora; il secondo treno impiega due ore per raggiungere la stessa distanza.

La luce non ha questo problema: viaggia sempre alla stessa velocità e non deve preoccuparsi di resistenza, attrito o altre forze opposte.

Se due raggi di luce sostituissero i treni nell'esempio precedente, quei raggi di luce raggiungerebbero la loro destinazione nello stesso momento.

Hanno sempre una velocità relativa pari a zero. Ora, aggiungiamo un'altra variabile a questo. Tornando ai treni, diciamo che un treno sta viaggiando oltre un punto fisso, come un indicatore di miglio. quando il treno passa a 100 km/h, lui vedrebbe il treno che passa davanti a lui e potrebbe osservare l'intero treno.Il treno e l'uomo hanno una velocità relativa di 100 km/h perché il treno è in movimento e l'uomo è fermo.

Ora mettiamo l'uomo su un treno che si muove nella

direzione opposta su un binario parallelo.

Anche questo treno si sta muovendo a 100 km/h. Entrambi i treni hanno lasciato le loro destinazioni nello stesso momento e hanno raggiunto la massima accelerazione contemporaneamente. Supereranno contemporaneamente l'indicatore del miglio al centro del percorso. che entrambi i treni lo superino, la loro velocità relativa diventerà zero e sembrerà che il tempo abbia rallentato.

Questo è il fenomeno che più interessava a Einstein. La sua curiosità sulla natura simultanea del movimento in relazione al tempo lo portò direttamente alla creazione della teoria della relatività ristretta e alla scoperta del continuum spazio-temporale.

Einstein si chiedeva perché, indipendentemente dalla velocità e dalla posizione;

Si chiedeva anche come il tempo giocasse nell'equazione.

La teoria che ha creato implica che la velocità della luce è il limite assoluto della velocità nell'universo e che nessun oggetto può mai superare la velocità della luce a causa della natura della massa.Poiché la luce non ha massa, è l'unica cosa che può viaggiare a quella velocità.

Ha anche teorizzato che la massa aumenta all'aumentare della velocità di un oggetto e che alla fine l'oggetto diventerà così pesante che la sua massa diventa il fattore limitante . , ed è geniale nella sua semplicità:

$$E = mc2$$

Scomponiamolo. Il lato sinistro dell'equazione è dove vediamo la variabile E , che rappresenta l'energia totale di un oggetto. Poiché sappiamo che la massa e l'energia non possono essere create o distrutte, sappiamo che esiste un'equivalenza di massa negli oggetti che esibisce dualità onda-particella.

Questa equazione ci mostra cosa succede a un oggetto che viaggia alla velocità della luce al quadrato (indicata qui con la lettera c).

Questo è un numero che è microscopicamente timido di 90.000.000.000 di chilometri quadrati al secondo.

Questo numero viene quindi moltiplicato per la massa dell'oggetto, diciamo 10 chilogrammi.L'energia in quella massa è ora di 900.000.000.000 di joule.

È una quantità ridicola di energia, ma non è ancora abbastanza energia per spostare quell'oggetto più

122

velocemente della velocità della luce.

Einstein scoprì che più veloce va un oggetto, più diventa pesante.

Man mano che l'oggetto sfreccia avvicinandosi alla velocità della luce, la sua massa sempre crescente gli impedisce di raggiungere la velocità massima. Pertanto, l'oggetto non sarà mai in grado di andare più veloce della velocità della luce, la velocità massima consentita nel nostro universo. L'affermazione della teoria della relatività ristretta è questa: più un oggetto si avvicina alla velocità della luce, più la sua massa si avvicina all'infinito, il che significa che non sarà mai in grado di superare la velocità della luce.

Non ti preoccupare se la relatività ristretta ti sembra controintuitiva; era così anche per Einstein e per i suoi contemporanei.

Come può qualcosa continuare a muoversi così velocemente e non raggiungere mai la massima velocità?

È perché quando pensiamo alle cose che si muovono, tendiamo a pensare che abbiano la capacità di muoversi in tre dimensioni su e giù su un asse verticale, sinistra e destra su un asse orizzontale, e avanti e indietro su un asse rotante.

Ma Einstein ha visto le cose in modo un po' diverso e ha proposto che ci sia una quarta dimensione che deve essere considerata, e quella quarta dimensione è il tempo.

Einstein postulò che il tempo DEVE essere tenuto in considerazione quando si osservano il moto relativo e le velocità.L'idea del tempo come quarta dimensione era stata lanciata da altri fisici prima dell'interesse di Einstein per la relatività.Vide il lavoro del matematico tedesco Hermann Minkowski, come Minkowski pubblicò un articolo nel 1908 che solidificava le sue teorie matematiche sullo spaziotempo come quarta dimensione, ed Einstein era affascinato dalle matrici che includevano il tempo come un vettore che poteva essere un punto fisso, proprio come i punti standard lungo la x, y , e z potrebbero essere. Questa fu la base che portò Einstein a credere che il tempo potesse essere usato come coordinata, e così nacque il concetto di spaziotempo. Einstein iniziò anche a chiedersi cosa sarebbe successo se avessimo smesso di pensare di essere in movimento attraverso lo spazio e ho iniziato a pensare allo spazio che si muove intorno a noi.

Ti sei mai fermato sulla spiaggia e hai lasciato che un'onda dell'oceano arrivasse sui tuoi piedi e sulle tue gambe? Tu sei il punto fisso, e l'oceano è il corpo in movimento. Eppure, se ti fermi e guardi un altro punto fisso all'orizzonte quando quell'onda si infrange sui tuoi piedi, ti sembrerà di muoverti all'indietro quando l'onda si ritira. A volte avvertiamo lo stesso fenomeno quando percorriamo un'autostrada a più corsie. Perché non è statisticamente probabile che ogni veicolo stia viaggiando esattamente alla stessa velocità, ci saranno momenti in cui guardi il veicolo accanto a te e avrai la percezione che l'altra macchina si stia muovendo all'indietro piuttosto che tu ti stia muovendo in avanti.

Quando Einstein iniziò a pensare al tempo come alla quarta dimensione, iniziò a chiedersi perché il tempo sembrava rallentare quando gli oggetti stavano accelerando.

Questa linea di pensiero è ciò che ha portato Einstein dalla teoria della relatività ristretta, che coinvolgeva solo oggetti che viaggiano lungo un piano fisso a una velocità fissa, alla teoria della relatività generale, che riguarda tutti gli oggetti nello spazio e nel tempo che si muovono a una varietà di velocità .

Aggiungendo l'accelerazione e il tempo come dimensione nelle sue considerazioni, Einstein è stato in grado di formulare la seguente ipotesi.

Lo spazio e il tempo sono le due componenti dello spazio-tempo e le forze risultanti all'interno dello spazio-tempo (forza, massa, accelerazione) si combinano per creare intorno a loro il fenomeno noto come gravità . universo tra oggetti di massa maggiore e minore.

Con questa teoria, Einstein aveva essenzialmente risolto uno dei più grandi misteri dell'universo.Prima della pubblicazione del suo articolo, "The Foundation of the General Theory of Relativity", nel 1915, gli scienziati capirono cosa fosse la gravità, ma non capire perché la gravità funziona. Il modo più semplice per spiegare la relatività generale è immaginare che lo spazio-tempo sia un gigantesco foglio di tessuto. Se metti un oggetto grande al centro del tessuto, creerà un avvallamento e gli oggetti più piccoli posizionati sopra il tessuto inizierà a rotolare verso l'oggetto più grande. Questo rappresenta la gravità dell'oggetto più grande. Ma ognuno di quegli oggetti più piccoli ha la sua massa e crea il suo piccolo avvallamento. Indipendentemente dal fatto che quei piccoli oggetti rotolino o meno per incontrare l'oggetto grande dipende da quanta gravità possiedono ciascuna.Massa e gravità sono direttamente correlate, maggiore è la massa, più forte è la gravità.

Se l'oggetto più piccolo può creare un avvallamento abbastanza grande, impedirà loro di rotolare fino alla posizione dell'oggetto più grande e li aiuterà a mantenere il proprio posto nello spazio-tempo.

Questo è uno dei motivi per cui il nostro sistema solare funziona.

Il sole mantiene la massa più pesante al centro del nostro sistema, e tutti i pianeti orbitano attorno al sole, ma ognuno è anche seduto nel proprio avvallamento, impedendo loro di "rotolare in discesa" verso il sole. il sole, come la rotazione individuale.

La contrazione dello spin e della gravità impedisce a ogni pianeta di lasciare la sua orbita e di essere "risucchiato" nella massa del sole.

Questo ci aiuta anche a spiegare l'esistenza e il

comportamento dei buchi neri.Mentre il nostro Sole ha una massa enorme (1.989 × 10^30 kg), i buchi neri possono avere in media da tre a dieci volte quella massa.Centro della nostra galassia, la Via Lattea, ha una massa che è 4,3 milioni di volte quella del nostro sole.

Questo ci mostra perché nulla, inclusa la luce, può sfuggire alla gravità di un buco nero. La loro massa è semplicemente troppo grande rispetto a qualsiasi altra cosa esistente nell'universo circostante. Per quanto riguarda l'opinione di Einstein sul fatto che le singolarità possano o meno segnalare l'esistenza di Wormholes per l'uso del viaggio nel tempo, il fisico ha ritenuto che teoricamente fosse possibile.

Tuttavia, credeva anche che se nulla potesse sopravvivere all'essere trascinato nella singolarità di un buco nero, allora le probabilità che un essere umano riuscisse a sopravvivere passando attraverso un wormhole sarebbero state molto basse se non nulle.Einstein eseguì molti dei suoi famosi esperimenti mentali sulle possibilità del viaggio nel tempo, ma non fu mai in grado di postulare una teoria che potesse essere provata.

La relatività generale spiega anche il fenomeno della dilatazione del tempo, che è qualcosa che si verifica all'interno dei campi gravitazionali. Il tempo, come lo conosciamo o lo consideriamo, è stato misurato per la prima volta migliaia di anni fa. I primi sistemi di misurazione del tempo furono sviluppati dai Sumeri nel 3500 a.C. , e le antiche società egiziane, romane e greche avevano anche sistemi per segnare il tempo, principalmente attraverso l'uso di meridiane.Nei secoli successivi, l'invenzione e l'uso del pendolo iniziarono a dimostrare che il tempo era causalmente correlato alla rotazione giornaliera del Terra Alla fine, il sistema che riconosciamo oggi è stato perfezionato, quello da 60 secondi a un minuto, da 60 minuti a un'ora e da 24 ore a un giorno.

Tuttavia, Einstein voleva essere in grado di dimostrare che la dilatazione del tempo è un fenomeno reale, e pensava che la sua teoria della relatività generale sarebbe stata un perfetto condotto per questo concetto.La dilatazione del tempo si verifica quando la gravità influenza non solo lo spazio circostante ma anche il tempo. Ciò può essere dimostrato con un semplice esperimento qui sulla Terra: qualcuno che si trova in cima a una montagna e qualcuno in fondo a una valle possono entrambi portare lo stesso esatto dispositivo di misurazione del tempo, ma il tempo scorrerà più velocemente in cima alla montagna Perché *è questo?*

Poiché c'è meno gravità, più ci si allontana dal centro della massa terrestre.

La gravità nella valle è abbastanza forte da rallentare letteralmente il tempo.

Questo è l'esempio più semplice al mondo di dilatazione del tempo.

Ora, sulla superficie terrestre, tra la valle e la cima della montagna, la dilatazione del tempo è percepibile ma non monumentale, si può cominciare a capire perché questa è una considerazione importante nella teoria della relatività generale di Einstein. la massa densa e l'attrazione gravitazionale ha implicazioni su tutti gli oggetti che si muovono attraverso lo spazio-tempo, i viaggi nello spazio, che speriamo un giorno di raggiungere, e spiega perché vediamo l'accelerazione degli oggetti verso oggetti con un'attrazione gravitazionale più elevata, anche facendo muovere il tempo stesso più velocemente.

Un altro concetto che secondo Einstein era spiegato dalla relatività generale è quello della caduta libera.

Tendiamo a pensare alla caduta nella vita di tutti i giorni in funzione dell'accelerazione e della gravità.

Sappiamo dalla nostra conoscenza scientifica di base che la massa, la velocità, il tempo e la forza possono essere tutti usati per calcolare quanto velocemente cadrà qualcosa.

Ma Einstein non era interessato alla fisica classica e alla meccanica, ciò che voleva esplorare era l'idea di cadere senza le forze opposte di attrito, gravità e resistenza, in altre parole, caduta libera.

Usando la teoria della relatività generale, Einstein fu in grado di concludere che, in assenza di qualsiasi forza di gravità, un oggetto potrebbe teoricamente cadere per sempre fino a quando non subisce l'azione di una forza o di un oggetto esterno, vale a dire, atterrando su una superficie. Einstein ipotizzò che poiché tutti gli oggetti in caduta libera sperimentano la stessa accelerazione indipendentemente dalla massa quando la forza gravitazionale è lo standard terrestre di 9,8 m/sec2, quindi quando la gravità è stata aumentata o diminuita a causa di una deformazione o appiattimento dello spazio-tempo (ricordate il nostro esempio di tessuto?), quindi il anche l'accelerazione o la decelerazione della caduta libera ne risentirebbe.

La relatività generale offre molto su cui riflettere.

Ma comprendendo solo questi pochi principi fondamentali, è facile capire perché le teorie di Einstein hanno avuto e hanno tuttora un tale impatto su quasi tutte le scoperte della fisica quantistica, della meccanica quantistica e della fisica teorica da allora.

Pensare alla relatività generale ti dà sicuramente una pausa per considerare il tuo posto nell'universo, non è vero?

Dalle particelle e dai fotoni più piccoli ai buchi neri più densi, occupiamo un posto così unico da poter studiare e comprendere entrambe le estremità dello spettro.

Anni successivi e impatti duraturi del lavoro di Einstein

Anche se può sembrare che la maggior parte delle opere fondamentali di Einstein sia arrivata quando era ancora giovane, il fisico ha goduto di una lunga carriera insegnando, viaggiando e tenendo conferenze fino alla sua morte negli Stati Uniti nel 1955. Come molte delle sue teorie, la vita stessa di Einstein era complicata e segnata dalla guerra e contraddizioni personali.Una delle menti scientifiche più brillanti del mondo non era il migliore, anche per sua stessa ammissione, nei rapporti interpersonali.Ha avuto due matrimoni che sono stati influenzati dalla sua incapacità di rimanere fedele.pacifista, un tratto che gli avrebbe prestato un tema ricorrente di conflitti morali.

Come ricorderete, Einstein rinunciò alla sua cittadinanza di nascita nell'impero tedesco per evitare il servizio militare obbligatorio, diventando cittadino svizzero nel 1901. Nel 1914 firmò una dichiarazione ufficiale che annunciava a tutta l'Europa di essere un pacifista e un globalista, sottolineando la sua convinzione che la sua scienza appartenesse a tutte le persone, non solo a quelle della nazione in cui viveva e lavorava.Alla conclusione della prima guerra mondiale, Einstein fu invitato a visitare, fare tournée e tenere conferenze negli Stati Uniti per la prima volta Arrivò negli Stati Uniti nel 1921 e trascorse più di un mese usando le sue apparizioni come raccolta fondi per l'Università Ebraica di Gerusalemme.

Era intorno al 1926 quando le due scuole di pensiero della fisica quantistica e della meccanica quantistica, la scuola di Einstein e quella di Bohr , cominciarono a divergere davvero.Nel 1927, i due uomini si sarebbero impegnati in una serie di dibattiti molto popolari . il pubblico in generale, e la cultura pop di Einstein iniziò di nuovo a salire.L'ascesa del partito nazista in Germania preoccupò Einstein, e così accettò una posizione alla Princeton University nel New Jersey come capo dell'Institute of Advanced Study. aveva intenzione di dividere il suo tempo tra il New Jersey e Berlino, la sua posizione di pacifista lo rese sgradito nella sua nativa Germania.Nel 1933, si dimise dall'Accademia delle scienze prussiana e dichiarò che probabilmente non sarebbe mai tornato in patria.

Mentre lavorava negli Stati Uniti, Einstein era dolorosamente consapevole che molti altri fisici stavano lavorando sodo per cercare di sfruttare l'energia nucleare per usarla nelle armi.ha persino firmato una lettera al presidente Franklin D.

Roosevelt spiegando che anche gli scienziati tedeschi stavano lavorando alla tecnologia nucleare necessaria per creare una bomba atomica. Sebbene fosse profondamente radicato nel suo stesso pacifismo, Einstein incoraggiò il presidente degli Stati Uniti ad assicurarsi che i militari fossero diligenti nella ricerca di armi nucleari Einstein conosceva l'importanza del suo lavoro nello sviluppo di questa tecnologia e voleva assicurarsi che lo facesse anche il leader della sua nuova casa.

Nonostante questo, e nonostante fosse diventato cittadino degli Stati Uniti nel 1940, Einstein non lavorò mai direttamente alla produzione della bomba atomica.Agli scienziati che facevano parte del Progetto

Manhattan era espressamente vietato parlare con Einstein a causa delle sue tendenze politiche di sinistra. Sebbene la fissione nucleare non sarebbe stata possibile senza l'equazione di equivalenza di massa di Einstein, non avrebbe mai lavorato direttamente con le armi atomiche, un fatto che non lo preoccupava minimamente.Conosceva l'impatto che aveva già avuto sul suo sviluppo, ma a causa della sua profonda convinzione che la scienza appartenga al popolo, Einstein sentiva anche di non avere alcun controllo su ciò che gli altri sceglievano di fare con le sue teorie e scoperte.

Il motivo per cui **E=mc2** è stato così vitale nel progresso della tecnologia nucleare è che ha fornito agli scienziati un contesto all'interno per lavorare sulla scissione dell'atomo.La fissione nucleare è al centro delle armi atomiche.L'energia nucleare stessa dipende dal decadimento naturale della radioattività, e presto la tecnologia sarebbe stata utilizzata per costruire centrali elettriche e moto d'acqua a propulsione nucleare come i sottomarini. L'equivalenza di massa è ciò che ha permesso agli scienziati di riconoscere che potevano usare quantità minime di elementi radioattivi densi, come l'uranio, per creare grandi quantità di energia In ambienti controllati come una centrale elettrica, le radiazioni di elementi altamente radioattivi vengono intrappolate mentre i materiali si decompongono e trasformate in energia elettrica.

Nei suoi ultimi anni, Einstein, che era sempre stato considerato un po' un fuoriclasse, iniziò a prendere le distanze dalle teorie che i suoi colleghi stavano presentando, non era soddisfatto della direzione che la meccanica quantistica stava prendendo e si espresse attivamente contro la sua vecchia contemporanei, anche dopo i suoi dibattiti pubblici con il suo amico Niels Bohr. Man mano che Bohr diventava più radicato nella meccanica, le loro opinioni e scuole di pensiero non si sarebbero mai più incrociate. Fu la dichiarazione di Heisenberg che la "rivoluzione quantistica" era finita che inviò Einstein con fermezza e con finalità che decorre dallo stabilimento.

Sebbene i maggiori successi di Einstein siano avvenuti tutti prima del 1930, non ha mai smesso di lavorare allo sviluppo di nuove teorie, scrivere articoli e tenere conferenze. Ha pubblicato centinaia di brevi lavori tra il 1930 e la sua morte nel 1955 e ha rinnovato la sua fede ebraica. Gli fu persino offerta la presidenza del giovane stato sovrano ebraico di Israele nel 1952. Al momento della sua scomparsa nel 1955, dedicò tutto il suo tempo e la sua ricerca allo sviluppo di quella che definì una "teoria del campo unificato", che riteneva potesse essere la chiave principale per sbloccare tutte le della fisica quantistica, classica e meccanica. Sebbene non sia riuscito a consolidare questa ipotesi prima della sua morte, sarebbe felice di sapere che ha dato il via a una campagna che continua ancora oggi per trovare la cosiddetta "teoria del tutto".

Capitolo 7

Uno sguardo al futuro dello studio quantistico

Sebbene le premesse di base della fisica quantistica siano state fissate a metà del 1900, ciò non significa che i progressi compiuti dai pionieri del campo si siano fermati qui.Gli scienziati continuano a lavorare ogni giorno per sbloccare nuove ed entusiasmanti teorie sul comportamento degli atomi, particelle e onde. La nostra conoscenza sempre crescente di queste cose invisibili è ciò che ci porta parte della tecnologia di cui godiamo nella nostra vita quotidiana.

Pensa alle cose che hai fatto stamattina alzandoti: senza i pionieri dell'elettricità avresti potuto accendere la luce e mettere in moto la tua caffettiera.

Senza gli scienziati che hanno scoperto le microonde, non saresti in grado di riscaldare la tua colazione e il tuo cellulare non esisterebbe senza ingegneri elettrici e fisici quantistici. Le nostre vite sarebbero completamente diverse se non avessimo alcuni dei più brillanti menti scientifiche che avanzavano furiosamente nel campo dello studio quantistico nella prima parte del 20° secolo.

La cosa bella è che oggi abbiamo lo stesso tipo di menti brillanti che continuano a far progredire la nostra comprensione del comportamento quantistico.

Ci sono esperimenti in corso in tutto il mondo in innumerevoli laboratori che stanno trovando cose nuove a un ritmo vertiginoso.

Nell'ultima parte del 20° secolo, iniziarono ad emergere due rami significativi di studio tra quegli scienziati quantistici che volevano continuare a studiare le cose minuscole atomi, particelle subatomiche, fotoni e quark classificare il comportamento delle parti più infinitesimali della materia .

La seconda scuola di fisici quantistici è quella che vuole applicare ciò che si sa delle cose più piccole alle cose più grandi pianeti, stelle, galassie e tutti gli altri corpi, visibili e invisibili, che compongono l'universo più grande.

Gli astrofisici non avrebbero nulla da studiare se non fosse per i fisici delle particelle Essere in grado di

140

prevedere il comportamento di un atomo significa che possiamo cambiare il comportamento di tutto ciò che è fatto di atomi.

Allo stesso modo, una profonda comprensione del comportamento delle onde significa sapere cosa aspettarsi da onde di tutte le dimensioni, lunghezze d'onda e forme di materia, comprese le onde gravitazionali. Diamo un'occhiata a cosa sta succedendo in questi giorni in entrambi i campi.

Meccanica quantistica in
XXI secolo

Ci sono alcune aree di interesse nello studio della meccanica quantistica nel XXI secolo.

Il primo e più noto è l'esistenza del bosun di Higgs, che è stato confermato da esperimenti condotti al Large Hadron Collider del CERN in Svizzera nel 2012.

Questo è stato il risultato di decenni di studio delle parti che compongono le particelle.Nel corso della metà fino alla fine del 20° secolo, gli scienziati sono stati in grado di determinare che anche protoni, elettroni e neutroni erano costituiti da pezzi ancora più piccoli, e il bosone di Higgs era uno dei più sfuggenti.

Un'altra area della meccanica quantistica che i fisici moderni stanno cercando di elaborare è quella dell'entanglement quantistico ". all'interno di un sistema. Pur sapendo che ci sono due oggetti distinti con le proprie caratteristiche all'interno del sistema, uno scienziato deve osservare il comportamento di entrambi i materiali per studiarne uno saranno imprecisi.

Un'altra area di interesse centrale della meccanica quantistica è il calcolo quantistico (utilizzando la matematica per prevedere il comportamento delle particelle micro-quantiche, come quark e bosun) e i trasferimenti quantistici, che è il movimento di dati e materia utilizzando comunicazioni a livello quantistico. davvero roba da fantascienza perché il risultato potrebbe alla fine essere il trasferimento di grandi particelle di materia usando la meccanica ondulatoria e il movimento quantistico delle particelle.

Certo, mancano ancora anni o decenni all'essere trasportati da un posto all'altro, come viene rappresentato nei famosi spettacoli e film di fantascienza, ma è tremendamente divertente a cui pensare.

Certo, c'è tutta quella fastidiosa cosa di non poter essere rimessi insieme correttamente, ma tutto in tempo utile.

Coloro che studiano la meccanica quantistica continuano anche ad ampliare la loro conoscenza del comportamento delle onde, che ha un effetto diretto sulla vita di tutti i giorni nel XXI secolo.

Le comunicazioni a banda larga e le reti di telefoni cellulari sempre più veloci e affidabili sono uno dei fantastici vantaggi del lavoro degli scienziati della meccanica delle onde. lo sono anche i componenti che entrano nei nostri dispositivi di comunicazione e intrattenimento.Essere in grado di costruire ricevitori e transponder in grado di gestire apparecchiature di trasmissione in rapida evoluzione è altrettanto importante.

La meccanica quantistica è anche responsabile di molte delle altre cose che tutti conosciamo con laser, orologi atomici, computer e tecnologia MRI.

Anche la tecnologia che entra in cose come parabole satellitari e pannelli solari è tutta grazie alla meccanica quantistica e a una comprensione fondamentale di come funzionano le particelle e le onde.

Uno dei progressi più significativi degli ultimi cento anni è stato lo sviluppo del microscopio elettronico, un dono degli scienziati agli scienziati.

Poiché coloro che studiano la meccanica quantistica continuano ad aumentare la loro conoscenza e comprensione del movimento meccanico delle particelle più piccole dell'universo, puoi solo immaginare i progressi che vedremo nei prossimi decenni e secoli.

La fisica quantistica nel XXI secolo

La fisica quantistica è indissolubilmente legata alla meccanica quantistica, ma mentre alcuni scienziati scelgono di concentrare le proprie energie sull'esame della particella infinitesimale che è alla base di tutti gli studi quantistici, altri scelgono di guardare al quadro generale, riesaminare le teorie di Einstein e applicarle per poter studiare l'universo in generale.

Lo sviluppo dell'esplorazione spaziale e la nostra comprensione più profonda dello spazio è in gran parte in parte dovuto alle teorie della relatività di Einstein, sia che si tratti della tecnologia che entra in enormi telescopi che ci aiutano a vedere i confini esterni del nostro sistema solare o galassia o del funzionamento interno di esseri umani volo spaziale, nessuna di queste cose sarebbe possibile se Einstein non desse al mondo i mezzi con cui mettere questi oggetti e persone nello spazio e interpretare i risultati dei loro studi.

La comprensione di Einstein del comportamento della materia e la sua spiegazione della natura della gravità sono state determinanti per poter conoscere l'universo oltre i confini della Terra, un'opportunità per scienziati e astronauti di continuare a dimostrare che queste teorie sono corrette. le onde di trasmissione radio si stanno piegando per adattarsi ai campi gravitazionali per essere in grado di determinare se i pianeti orbitano attorno a stelle lontane, la teoria della relatività generale viene continuamente utilizzata nello spazio.

Anche la fisica quantistica ha svolto un ruolo enorme nel riuscire a scattare la primissima fotografia di un buco nero, avvenuta nel 2017. Questo è stato un lavoro rivoluzionario per molte ovvie ragioni, ma è anche uno dei più grandi indicatori che la teoria di Einstein è letteralmente vera La foto, scattata per un periodo di cinque giorni utilizzando una serie di otto telescopi in una collaborazione mondiale , mostra un'enorme nube di gas che circonda un buco nero che si trova a 54 anni luce dalla Terra.

Un buco nero è un oggetto spaziale familiare, ma di cui potremmo non conoscere mai l'esatta natura, e questo perché la sua intensa attrazione gravitazionale rende quasi impossibile sapere cosa accade "all'interno" del buco nero stesso. , la conoscenza che vogliono e la conoscenza che potrebbero non acquisire mai.

Uno dei principali dilemmi che devono affrontare i fisici quantistici è che da quando le scuole di pensiero si sono divise tra Bohr ed Einstein, è stato difficile fare i conti con il fatto che i due fondamenti degli studi quantistici - meccanica e relatività - sono essenzialmente in contrasto tra loro . Altro Entrambi i campi continuano a trovare nuove spiegazioni su come funziona l'universo, ma nessuno dei due può essere pienamente d'accordo con l'altro.

Uno dei modi in cui questi scienziati mantengono viva l'eredità di Einstein è provare a dimostrare l'esistenza della materia oscura e dell'energia oscura.Sappiamo che materia ed energia sono equivalenti e sappiamo che materia ed energia non possono essere create o distrutte. questo può essere spiegato solo dalla presenza di energia e materia che dobbiamo ancora capire.Quindi, *cosa sono la materia oscura e l'energia oscura, e cosa stanno facendo gli scienziati per cercare di capirlo?*

In termini semplici, la materia oscura è ciò che rimane dopo che la materia conosciuta nell'universo è stata spiegata.

Questa materia potrebbe essere costituita da buchi neri, nane brune o altra materia densa e incolore, anche se è probabile che saremmo in grado di vedere o rilevare la presenza di oggetti così grandi o densi di massa. conosciamo, anche se la teoria dell'antimateria è più probabilmente ancora di competenza della fantascienza. È molto probabile che la materia oscura, che costituisce circa il 75-80% dell'universo conosciuto, sia una combinazione di ancora da -essere identificate particelle quantistiche, buchi neri non rilevati e altre dense stelle di neutroni.

La risposta più noiosa e più probabile, però, è che la materia oscura è composta dagli stessi atomi e molecole della materia conosciuta; solo che non siamo ancora riusciti a vederla.

L'energia oscura è un'altra storia.

L'energia oscura è la forza che sembra causare l'espansione continua dell'universo e nessuno ha ancora capito che sta causando l'accelerazione dell'espansione.

Quello che non sappiamo dell'energia oscura è il motivo per cui lo fa Per un po' di tempo, gli astrofisici si sono preoccupati che questa rapida espansione potesse significare che l'universo si stava dirigendo verso l'autodistruzione, che come un elastico che accumula energia potenziale mentre viene allungato, alla fine sarebbe semplicemente tornato indietro. il contrario del Big Bang ed è stato soprannominato il Big Crunch.

Ora gli scienziati considerano la continua e rapida espansione dell'universo come qualcosa di più di un comportamento infinito, anche se sappiamo che la materia e l'energia non possono essere create o distrutte, l'universo alla fine dovrà esaurirsi e l'espansione si fermerà. o l'universo scoppierà come un pallone.Per fortuna, non dovremo pensare a nessuno di questi eventi che si verificano nella nostra vita, ma i fisici stanno ancora lavorando per trovare risposte sul motivo per cui la materia oscura e l'energia oscura hanno un tale effetto sul universo conosciuto: più risposte possono ottenere, maggiori sono le possibilità che abbiamo di comprendere il funzionamento di tutta la materia che non possiamo vedere.

Su una nota più felice, rispetto all'eventuale distruzione dell'universo, i fisici quantistici stanno lavorando in nuovi modi per pensare alle fasi della materia, e il volo spaziale con equipaggio offre loro l'opportunità di farlo. il vuoto dello spazio per eseguire esperimenti sulla sublimazione e la condensazione, oltre a vedere come il vuoto spaziale influisce sulla ionizzazione di una varietà di elementi.

Un altro vantaggio di poter testare teorie e materiali nei dintorni e nel vuoto dello spazio è essere al corrente di un ambiente a gravità zero.

In queste condizioni, le forze di gravità non possono influenzare le particelle che gli astronauti stanno studiando.

Molte delle persone che ora si recano alla Stazione Spaziale Internazionale per lavoro sono scienziati addestrati che si sono assunti l'onere aggiuntivo di diventare astronauti, mentre, nei decenni passati, erano gli scienziati sulla Terra a istruire gli astronauti su come agire come delegati della ricerca. mentre nello spazio Il risultato è un contingente spaziale cross-addestrato che mette costantemente alla prova i limiti del comportamento della materia sia originaria dello spazio che introdotta in quell'ambiente.

Gli scienziati che lavorano negli osservatori e nelle agenzie spaziali sono sempre alla ricerca di nuovi modi per acquisire una maggiore conoscenza del funzionamento dell'universo, inclusi studi sulle origini della materia, se la velocità della luce è davvero il limite di velocità universale e se ci sono nuovi ed entusiasmanti modi per applicare i principi di Einstein per "vedere" oltre le distese esterne dello spazio rilevando nuovi campi gravitazionali. Non importa cosa ci riservi il futuro, possiamo tutti essere certi che i fisici stanno lavorando duramente per aiutarci a comprendere la vera natura del spazio che occupiamo, sia su piccola scala che su scala universale.

Ci siamo ormai avvicinati alla fine del nostro tempo insieme, ed è stato un incredibile viaggio nel tempo per conoscere la fisica!

Prima di arrivare alla conclusione del libro, troverai due appendici, che hanno lo scopo di aiutarti a ricapitolare e ricordare i concetti che abbiamo trattato.La prima appendice è una cronologia delle prime scoperte e scoperte della fisica, e la seconda è un elenco di formule ed equazioni che ti saranno utili se vuoi iniziare a masticare numeri da solo.

Ci sono così tanti campi diversi che sono esplosi dagli umili inizi della fisica classica.

Se sei interessato a come funziona il mondo, allora sei interessato alla fisica.

Ma con una panoplia di scelte, se hai deciso che la fisica quantistica non fa per te, allora congratulazioni! Almeno hai letto tutto il libro prima di deciderlo. Forse ti piacerebbe dare un'occhiata alla meccanica quantistica Forse sei più propenso a cadere nel campo della meccanica classica, dove potresti studiare la termodinamica, la teoria delle onde meccaniche o la statistica classica .

Se ti piace dilettarti con l'ignoto, potresti voler esplorare il mondo della fisica teorica. Potresti ipotizzare buchi neri, teoria delle stringhe, wormhole e viaggi nel tempo. Il mondo ha bisogno di più sognatori disposti a sostenere i propri sogni con scienza. Molte delle invenzioni più belle e amate del mondo sono state create da scienziati che hanno osato sognare, quindi forse potresti essere tu il prossimo. Non importa dove ti trovi nella tua vita o dove vuoi che il tuo viaggio scientifico ti porti, ricorda solo che non c'è nessuna decisione sbagliata quando scegli di studiare scienze.

Gli esseri umani sono esseri innatamente curiosi e la nostra capacità di pensiero e ragionamento superiori è ciò che ci distingue dal resto del regno animale.Potremmo teorizzare, eseguire il metodo scientifico e ottenere risposte attraverso il pensiero, l'azione, le parole e i numeri. aspiranti scienziati, questo è un pensiero confortante. Sebbene gli atomi e le particelle siano piccoli e l'universo sia vasto, possiamo sempre essere certi che la scienza è concreta e non ci porterà fuori strada. fisica quantistica e che sei stato ispirato a portare le tue conoscenze scientifiche al livello successivo!

Appendice A: cronologia delle principali scoperte nella prima fisica quantistica

Poiché gli sviluppi nei primi studi sulla fisica quantistica potevano spesso sovrapporsi o procedere a un ritmo rapido, ecco una pratica cronologia di tutti gli eventi e le ricerche di cui abbiamo discusso per aiutarti a tenerne traccia Un po' di ricerca fisica, ma è un linee guida per aiutarti a ricordare i punti principali che abbiamo delineato nel libro:

1808 Dalton pubblica la sua ipotesi sulle proprietà dell'atomo.

1865 Maxwell determina la velocità della luce.

1895 Röntgen scopre i raggi X.

1897 Thomson scopre l'elettrone.

1898 Becquerel scopre la radioattività; i Curie iniziano i loro studi sul radio/polonio.

1900 Planck quantizza le particelle dopo approfondite

ricerche sulla radiazione del corpo nero.

1903 Becquerel e i Curie vincono il Premio Nobel per il loro lavoro sulla radioattività.

1904 Thomson rilascia il modello dell'atomo al budino di prugne.

1905 Einstein propone che anche la luce possa essere quantizzata, introduce la sua teoria dei fotoni.

- Einstein pubblica il suo articolo a sostegno del moto browniano.

- Einstein pubblica la teoria della relatività ristretta.

- Einstein presenta *"l'equazione più famosa del mondo"* **E=mc2.**

1909 Gli esperimenti di Geiger-Marsden suggeriscono l'esistenza di un centro atomico.

- Perrin conia il termine "costante di Avogadro" per descrivere il valore molare.

1911 Rutherford utilizza la ricerca Geiger-Marsden per proporre la teoria del nucleo.

1913 Bohr presenta il suo modello planetario dell'atomo.

1915 Einstein presenta ufficialmente la teoria della relatività generale.

1918 Planck vince il Premio Nobel per la sua Legge e

Costante.

1919 Rutherford scopre e nomina il protone.

1921 Einstein vince il Premio Nobel per la sua teoria dell'effetto fotoelettrico.

- Chadwick teorizza la carica che tiene insieme il nucleo di un atomo.

1923 Compton completa la ricerca che conferma l'esistenza dei fotoni.

1924 de Broglie generalizza la teoria della dualità onda-particella, introduce la sua equazione.

1925 Bothe e Geiger applicano le leggi di conservazione ai processi atomici.

1926 Schrödinger introduce la meccanica ondulatoria e le equazioni.

- Lewis nomina ufficialmente il fotone.

1927 Heisenberg presenta il suo principio di incertezza.

1929 de Broglie vince il premio Nobel per il suo lavoro sulla dualità onda-particella .

1932 Heisenberg vince il Premio Nobel per la sua introduzione alla meccanica quantistica.

1933 Schrödinger vince il Premio Nobel per la sua creazione della meccanica ondulatoria.

Appendice B: Formule ed equazioni

Un elenco di riferimento di formule ed equazioni fisiche di base, oltre alle formule di fisica quantistica discusse in questo libro.

o *Peso*

peso = massa per gravità $W = Mg$

o *Velocità*

velocità = distanza/tempo $s = d/t$

chiamato anche *"velocità"* $v = d/t$

o *Accelerazione*

accelerazione = variazione di velocità/tempo $a = (s1-s2)/t$

o *Forza*

forza = massa per accelerazione $F = ma$

o **Quantità di moto**

quantità di moto = massa per velocità $p = mv$

- **Accelerazione dovuta alla forza di gravità**

  dove la gravità è 9,8 m/s2, dove g è l'accelerazione, dove m è la massa, dove r2 è il raggio terrestre

  $$g = Solm/r2$$

- **Il numero di Avogadro**

  per determinare il contenuto molare 6.02214×10^{23}

  $$= mol$$

- **equazione di de Broglie**

  per dimostrare la dualità particella-onda $\lambda = h/mv$

- **seconda equazione di de Broglie**

  mettere in relazione la frequenza con l'energia $f = E/h$

- **Equazione di Schrödinger**

  mettere in relazione frequenza e lunghezza d'onda $E \psi = H \psi$

- Costante di Planck

  per determinare l'energia quantistica $h = 6.6262 \times 10^{-34}$ J s

  e costante ridotta $\hbar = \dfrac{h}{2 \text{ pi}}$

- Energia di un fotone

  per determinare l'energia di una particella di luce **E= hf**

- Principio di indeterminazione di Heisenberg

  per determinare la deviazione $pq - qp = h/2\pi i$

- Effetto fotoelettrico

  per quantificare il potenziale di perdita di elettroni

  Kmax = hv-W

- Equivalenza di massa

  per mostrare i limiti di massa (energia) e v. velocità

  $E = mc2$

Conclusione

Grazie per aver letto Quantum Physics for Beginners. Abbiamo esposto un'enorme quantità di informazioni in questo libro e speriamo che tu abbia apprezzato questo viaggio scientifico con noi. Speriamo anche che questo libro ti abbia ispirato a proseguire i tuoi studi e ad approfondire più a fondo nei misteri che la fisica quantistica ha da offrire.

All'interno di questi capitoli, abbiamo esplorato gli inizi della fisica quantistica e abbiamo passato un po' di tempo a fornirvi il background sui primi pionieri del campo.

Dalla prima descrizione di Dalton delle proprietà dell'atomo ad Avogadro che determinava un modo per quantificare il numero di atomi in una determinata quantità di materiale, le prime scoperte della fisica quantistica arrivarono rapidamente.

Il lavoro di Becquerel, Marie e Pierre Curie sui materiali

radioattivi ha fornito al mondo una visione sorprendente del comportamento di alcuni degli elementi più affascinanti, utili e pericolosi del mondo.

Il lavoro dei primi fisici e chimici quantistici ha portato anche alla conoscenza medica che continuiamo a utilizzare e sviluppare nuove versioni avanzate di nel 21° secolo.

Quando gli scienziati sono stati in grado di iniziare a utilizzare i raggi X in un laboratorio, non è stato un grande salto iniziare il loro uso pratico per la diagnostica medica.

La stessa Marie Curie ha lavorato per equipaggiare una flotta di ambulanze con apparecchiature a raggi X portatili a bordo per l'uso da parte delle truppe francesi durante la prima guerra mondiale.

Sebbene il parto sia cambiato e si sia evoluto nel corso dell'ultimo secolo, la tecnologia di base della macchina a raggi X non lo è stata.

I trattamenti contro il cancro fanno molto affidamento su radiazioni e chemioterapia, tutti resi possibili dai primi lavori della fisica quantistica e dei chimici.

I primi 15 anni del 20° secolo hanno portato un periodo

di rapidi cambiamenti nei campi della fisica quantistica e della meccanica quantistica. L'atomo stesso ha attraversato due diverse rappresentazioni modellate, prima il modello del budino di prugne di Thomson, e poi il modello di lavoro di Bohr. quando Schrödinger presentò il suo modello nel 1920. Ma oltre a conoscere la struttura dell'atomo, lo stesso Einstein dominò la prima parte del 1900, pubblicando quattro teorie principali e la sua tesi di dottorato solo nel 1905.

Schrödinger e de Broglie furono gli uomini che presero il controllo degli anni '20 e le loro equazioni hanno resistito alla prova del tempo. Raffinando la nostra comprensione della dualità particella-onda, questi due scienziati sono stati in grado di creare una scuola di pensiero e di studio completamente nuova, che della meccanica ondulatoria Le loro equazioni erano rivoluzionarie e continuano ad essere parte integrante del campo.

Senza coloro che studiano la meccanica ondulatoria, non godremmo molto della tecnologia elettronica personale che abbiamo oggi nelle nostre case.

Indipendentemente dal fatto che tu possa avvolgere il

tuo cervello attorno alle teorie della relatività di Einstein, non si può negare che queste ipotesi hanno cambiato il mondo, non solo in termini di progresso scientifico ma nella vita di tutti i giorni e nel corso della storia.

Chissà dove saremmo in termini di sviluppo scientifico senza la comprensione dell'equivalenza massa-energia?

Certamente potremmo non aver avuto la bomba atomica, ma potremmo anche essere indietro di decenni nello studio dello spazio esterno.È ovvio che con qualsiasi importante scoperta scientifica, ci possono essere dei dati e avere quando viene applicato alla vita di tutti i giorni e ulteriori studi scientifici L'etica gioca un ruolo enorme nella scienza, ei fisici devono sempre soppesare i loro studi rispetto al bene superiore.

Il futuro della fisica quantistica è luminoso. Gli scienziati continuano a trovare e studiare particelle sempre più piccole e ad avvicinarsi alla definizione del più piccolo elemento costitutivo di tutta la materia. Gli astrofisici stanno lavorando per identificare le vere origini di tutta la materia e spiegarne il comportamento in tutto l'universo Sapere da dove veniamo e come si è formata la materia all'inizio della creazione ci aiuterà ad apprezzare e capire dove siamo diretti nei prossimi secoli.

Quindi, ancora una volta, grazie per aver letto Fisica quantistica per principianti. Ti sei aperto alle meraviglie dell'universo visto e invisibile e speriamo che tu decida di continuare i tuoi studi.

Il mondo ha bisogno del maggior numero possibile di amanti della scienza curiosi e impavidi.

www.ingramcontent.com/pod-product-compliance
Lightning Source LLC
Chambersburg PA
CBHW070014300526
45794CB00001B/313